가르쳐주세요!
마방진에 대해서

가르쳐주세요!

마방진에 대해서



초　판 1쇄 발행일 2007년 11월 5일
개정판 1쇄 발행일 2017년 4월 10일

지은이 김용삼　삽화 박선미
펴낸이 김지영　펴낸곳 지브레인Gbrain
마케팅 조명구　제작 · 관리 김동영

출판등록 2001년 7월 3일 제2005-000022호
주소 04047 서울시 마포구 어울마당로 5길 25-10 유카리스티아빌딩 3층
전화 (02)2648-7224　팩스 (02)2654-7696

ISBN 978-89-5979-369-3 (04410)
978-89-5979-422-5 (04400) SET

• 책값은 뒷표지에 있습니다.
• 잘못된 책은 교환해 드립니다.

▼ 최석정

노벨상 수상자와 TALK 1 합시다

가르쳐주세요!

# 마방진에 대해서

김용삼 지음 박선미 그림

Gbrain
지브레인

추천사

## 노벨상의 주인공을 기다리며

『노벨상 수상자와 TALK 합시다』 시리즈는 제목만으로도 현대 인터넷 사회의 노벨상급 대화입니다. 존경과 찬사의 대상이 되는 노벨상 수상자 그리고 수학자들에게 호기심 어린 질문을 하고, 자상한 목소리로 차근차근 알기 쉽게 설명하는 책입니다. 미래를 짊어지고 나아갈 어린이 여러분들이 과학 기술의 비타민을 느끼기에 충분합니다.

21세기 대한민국의 과학 기술은 이미 세계화를 이룩하고, 전통 과학 기술을 첨단으로 연결하는 수많은 독창적 성과를 창출해 나가고 있습니다. 따라서 개인은 물론 국가와 민족에게도 큰 긍지를 주는 노벨상의 수상자가 우리나라의 과학 기술 분야에서 곧 배출될 것으로 기대되고 있습니다.

우리나라의 현대 과학 기술력은 세계 6위권을 자랑합니다. 국제 사회가 인정하는 수많은 훌륭한 한국 과학 기술인들이 세계 곳곳에서 중추적 역할을 담당하며 활약하고 있습니다.

우리나라의 과학 기술 토양은 충분히 갖추어졌으며 이 땅에서 과학의 꿈을 키우고 기술의 결실을 맺는 명제가 우리를 기다리고 있습니다. 노벨상 수상의 영예는 바로 여러분 한명 한명이 모두 주인공이 될 수 있는 것입니다.

『**노벨상 수상자와 TALK 합시다**』는 여러분의 꿈과 미래를 실현하기 위한 소중한 정보를 가득 담은 책입니다. 어렵고 복잡한 과학 기술 세계의 궁금증을 재미있고 친절하게 풀고 있는 만큼 이 시리즈를 통해서 과학 기술의 여행에 빠져 보십시오.

과학 기술의 꿈과 비타민을 듬뿍 받은 어린이 여러분이 당당히 '노벨상'의 주인공이 되고 세계 인류 발전의 주역이 되기를 기원합니다.

국립중앙과학관장 공학박사 **조청원**

조청원

필즈상은

# 수학의 노벨상 '필즈상'

자연과학의 바탕이 되는 수학 분야는 왜 노벨상에서 빠졌을까요? 노벨이 스웨덴 수학계의 대가인 미타크 레플러와 사이가 나빴기 때문이라는 설, 발명가 노벨이 순수수학의 가치를 몰랐다는 설 등 그 이유에는 여러 가지 설이 있어요.

그래서 1924년 개최된 국제 수학자 총회(ICM)에서 캐나다 출신의 수학자 존 찰스 필즈(1863~1932)가 노벨상에 버금가는 수학상을 제안했어요. 수학 발전에 우수한 업적을 성취한 2~4명의 수학자에게 ICM에서 금메달을 수여하자는 것이죠. 필즈는 금메달을 위한 기초 자금을 마련하면서, 자기의 전 재산을 이 상의 기금으로 내놓았답니다. 필즈상은 현재와 특히 미래의 수학 발전에 크게 공헌한 수학자에게 수여됩니다. 그런데 수상자의 연령은 40세보다 적어야 해요. 그래서 필즈상은

필즈상 메달

노벨상보다 기준이 더욱 엄격하지요. 이처럼 엄격한 필즈상을 일본은 이미 몇 명의 수학자가 받았고, 중국의 수학자도 수상한 경력이 있어요. 하지만 안타깝게도 아직까지 우리나라에서는 필즈상을 받은 수학자가 없답니다.

어린이 여러분! 이 시리즈에 소개되는 수학자들은 시대를 초월하여 수학 역사에 매우 큰 업적을 남긴 사람들입니다. 우리가 학교에서 배우는 교과서에는 이들이 연구한 수학 내용들이 담겨 있지요. 만약 필즈상이 좀 더 일찍 설립되었더라면 이 시리즈에서 소개한 수학자들은 모두 필즈상을 수상했을 겁니다. 필즈상이 설립되기 이전부터 수학의 발전을 위해 헌신한 위대한 수학자를 만나 볼까요? 선생님은 여러분들이 이 책을 통해 훗날 필즈상의 주인공이 될 수 있기를 기원해 봅니다.

여의초등학교 **이운영** 선생님

# 최석정 崔錫鼎

1646~1715

최석정은 조선 후기의 문신이자 수학자였습니다. 그의 집안을 살펴보면 할아버지인 최명길은 조선 인조 임금 시대 때 명재상(영의정: 지금의 국무총리직)을 지냈고 최석정도 숙종 임금 때 우의정과 영의정까지 지낸 조선 후기의 대표적인 사대부(높은 벼슬을 지낸 양반) 집안이었습니다. 이 시기의 사대부들이 유학에 얽매여 고정관념에 쌓여 있던 것과 달리, 최석정은 유학자들의 경직된 학문 풍토에서 벗어나 자유로운 사고를 즐겼습니다. 또한 다른 사대부들이 유학경전에만 초점을 두고 연구를 한 반면, 최석정은 경제학, 음운학, 수리학 등의 다양한 분야에 관심을 가지고 있었습니다. 특히, 조선 후기의 대표적인 수학자인 이상혁과 함께 우리 역사에서 손꼽히는 대표적인 수학자였습니다.

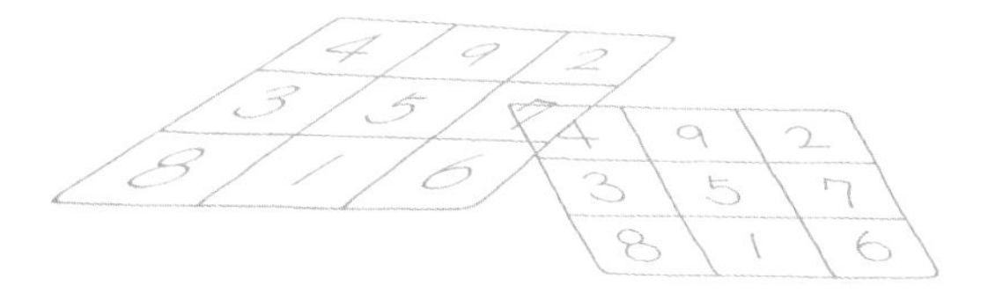

우리 역사 속에서 수학은 좀 천시를 받던 영역이라 사대부와 같은 높은 계급의 사람들은 연구하기를 꺼려했습니다. 그래서 수학을 연구한 사람들은 대부분 중간 계층의 사람들이었습니다. 그런데 특이하게도 양반인 최석정은 수학에 깊은 관심을 가지고 열심히 연구하였습니다.

최석정의 수학적 재능은 그가 만들어 낸 9차 마방진과 지수귀문도(거북등 모양으로 숫자를 배열한 그림)를 통해 잘 알 수 있는데 이것에 대해서는 나중에 자세히 다루겠습니다. 최석정은 그의 책 《구수략》에서 사칙연산(덧셈, 뺄셈, 곱셈, 나눗셈)의 기초 원리와 응용 문제를 다루었고, 특히 수들 사이의 신비한 수의 규칙을 응용하여 만든 9차 마방진의 해법을 통해 서양 수학보다 월등히 앞선 수학적 천재성을 보여 주고 있습니다.

서양의 마방진 연구가 사각형과 같은 직교형 배열에 집중되었던 것과 달리 동양의 마방진 연구는 거북이 등에 새겨진 지수귀문도와 같은 육각형, 원 등의 다양한 형태의 수 배열에 깊은 관심을 가져왔음을 중국의 양휘와 조선의 최석정의 책 속에서 알 수 있습니다.

우리의 조상들 중에는 최석정과 같은 위대한 수학자가 있었음에도 불구하고 앞서 이야기했듯이 수학을 중요하게 생각하지 않았던 어리석음으로 인해 우리만의 독창적이고 수준 높은 수학은 발전할 수 없었고, 그 이후 서양의 수학에 밀려 오늘날까지 오게 되었다는 것은 참으로 아쉬운 일입니다.

이러한 아쉬움 속에서도 여러분은 최석정 대감과의 대화를 통하여 오묘하고 신비한 수 퍼즐인 다양한 마방진에 대해 속속들이 알아보게 될 것이며, 아울러 역사 속에서 잊혀간 우리 조상들의 수학적 우수성을 느낄 수 있을 것입니다. 또한 이 책을 통해 여러분은 천재 수학자였던 최석정 대감의 놀라운 생각과 신비로운 수의 비밀을 체험할 것입니다. 이것은 여러분에게 역사 속에서 사라졌던 우리 수학의 독창성과 우수성을 이어갈 수 있는 능력을 만들어 줄 것입니다. 자! 그럼 신비한 마방진의 세계로 들어가 볼까요.

# 차례

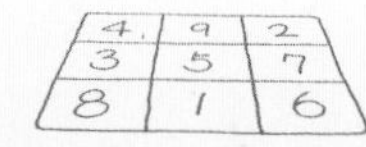

제01장

# 영의정 대감님이 수학을 공부하셨다고요?

**교과 연계**

- 최석정의 성장 과정
- 조선 시대의 수학에 대한 인식
- 최석정의 연구 업적 – 마방진과 지수귀문도

**학습 목표**

최석정의 성장 과정 및 배경에 대해 살펴보고, 조선시대 때 수학을 천대했던 분위기 속에서 최석정이 수학, 특히 마방진에 관심을 갖게 된 계기에 대해 알아본다.

우정 최석정 대감님! 안녕하세요! 대감님께서 조선 시대 때 영의정이라는 높은 벼슬을 하셨던 분이라는 것 말고는 사실 아는 것이 별로 없어요. 어떤 분이셨는지 말씀해 주세요.

최석정 나도 이렇게 우정이 어린이를 만나게 되어 반가워요. 그런데 나에 대해서 별로 아는 것이 없다니 조금은 섭섭한데요. 허허허! 사실 어린이 여러분이 나 같은 조선 시대의 영감을 잘 알아본다는 것이 쉽지는 않을 거라 생각되네요. 자, 그럼 내 소개를 할게요.

나에 대해서 말을 하려니 먼저 조선의 역사에 대해 말을 해야겠네요. 나는 조선의 19번째 왕이셨던 숙종 임금님께서 나라를 다스리시던 때에 살았었어요. 1646년에 태어났으니까, 대략 400여 년 전에 살았던 여러분의 조상인 셈이죠. 본관은 전주 최씨, 호는 문정공이지요.

할아버지는 최명길이라는 분이신데, 인조 임금님 때 영의정이라는 높은 벼슬을 하셨죠. 여러분은 영의정이 어떤 신분인지 알고 있나요? TV에서 조선 시대 역사 드라마가 나오면 한 번 보세요. 그럼 이해가 쉬울 거예요. 영의정은 임금님을 도와 나라의 중요한 일을 결정했던 아주 중요하고 높은 직책을 말합니다. 지금의 국무총리라고 생각하면 될 것 같네요. 그 당시 조선은 중국의 청나라와 교류를 하던 때인데 할아버지께서는 청나라의 앞선 문화에 많은 관심을 가지고 계셨답니다. 그래서 나는 어렸을 때부터 할아버지를 따라 청나라에 자주 가서 아주 신기한 것들을 많이 접할 수 있었지요. 그러면서 나는 학문에 큰 뜻을 품었고, 다른 양반들과 같이 유교 경전을 열심히 공부해서 1671년 과거시험에서 당당히 급제(1등)할 수 있었답니다. 음~, 말하고 보니 내 자랑이 되었군요. 허허허!

결국 나도 할아버지의 뒤를 이어 1701년에는 숙종 임금님 곁에서 영의정이라는 높은 벼슬을 하게 되었답니다. 덕분에 우리 집은 그 당시에 꽤 세력이 있는 집안이 되었지요. 그런데 피는 못 속인다는 말이 있듯이 나도 할아버지의 성격을 닮아 옳지 않은 것을 보면 참지 못했고, 생활에 도움을 줄 수 있는 학문에 관심이 많았답니다. 이런 나의 성격 때문에 임금님의 뜻을 따르지 않아 멀리 귀양도 갔다 왔어요.

어때요, 이 정도면 내가 어떤 사람이었는지 알 수 있겠지요?

우정 아~, 이제 대감님께서 어떤 분이셨는지 잘 알 것 같네요. 그런데 제가 알기로는 조선 시대에 벼슬을 하셨던 양반들은 모두 한자로 된 유교 경전만 공부하셨다고 하던데, 대감님께서는 진짜로 수학을 공부하셨나요?

최석정 네, 우정이 친구의 말이 맞아요. 조선 시대에 양반들은 모두 유교 경전만을 공부했답니다. 유교 경전은 중국의 공자님께서 만든 학문으로 사람의 도리를 알 수 있는 좋은 가르침입니다. 그런데 이 학문은 자신의 정신을 수양하는 데는 좋으나 그 당시 일반 백성들이 살아가는 데는 별로 도움이 되지 못하는 학문이었습니다. 그리고 과거 시험을 통과해서 벼슬에 오르기 위해서는 반드시 유교 경전을 공부해야 했기 때문에 다른 학문을 할 여유도 없었던 것이 사실이었답니다.

나 역시 유교 경전을 공부했지만 앞서 이야기했던 것처럼 어려서부터 할아버지를 따라 청나라의 앞선 문화를 많이 경험할 수 있었기 때문에 유교 경전 이외에 다양한 다른 학문에도 많은 관심을 가질 수 있었답니다. 그중에서 가장 많은 관심과 연구를 했던 분야가 바로 수학이라는 학문이었죠. 그 당시 수학은 별로 중요하게 여겨지지 않던 학문이라 신분이 낮은 중인들이 공부했는데, 영의정까지 지낸 양반이 수학을 공부했으니 주변에서 이상하게 생각했겠죠?

그런데 나는 왠지 모르게 수학의 매력에 빠져 평생을 보냈어요. 수는 진리에 이르는 길이며 수학적인 질서를 보면 세상의 이치를 더욱 쉽게 이해할 수 있다고 믿었고, 이러한 수학은 나라의 중요한 일을 하는 양반들이 반드시 공부해야 한다고 주장했지요.

내가 연구한 것은 특히 '마방진'이었는데, 중국의 《산법통

종》, 《양휘산법》, 《천학초함》이라는 수학책을 읽고 마방진의 신비스러움에 빠졌답니다. 그 후로 마방진의 해법을 찾아내기 위해 평생을 받쳤고 드디어 《구수략》이라는 수학책을 쓸 수 있었답니다. 이 책에서 나는 3차부터 10차 마방진까지의 독특한 해결 방법을 제시했고 지수귀문도라는 새로운 마방진까지 소개했습니다. 특히 '지수귀문도'는 현재에도 풀기 어려울 정도로 힘든 마방진인데 이러한 나의 연구 결과는 서양에서 마방진을 연구한 것보다 훨씬 앞서고 독창적이라는 평가를 받고 있습니다. 음, 또 내 자랑으로 끝나니 좀 쑥스럽군요.

내가 여러분에게 하고 싶은 말은 여러분의 조상이 서양의 위대한 수학자들 못지않게 훌륭한 업적을 남겼다는 것입니다. 그러니 이를 자랑스럽게 여기라고 부탁하고 싶네요. 《구수략》에 나오는 이야기는 차차 하기로 하고 이쯤에서 내 소개는 마칠게요.

## 제01장 핵심정리

- 최석정은 조선 인조 때 영의정을 지낸 최명길의 손자로 어려서부터 청나라를 왕래하면서 선진 문화를 접하며 자랐다.

- 최석정은 실질적인 학문을 중시했던 할아버지의 영향을 받아 조선 숙종 때 영의정까지 지낸 양반의 신분으로, 다른 양반들이 유교 경전에만 매달렸던 것과는 달리 생활에 도움을 줄 수 있는 학문에도 많은 관심을 가지고 연구했다.

- 최석정은 특히 수학에 많은 관심을 가졌는데, 그가 쓴 책인《구수략》을 통해 서양보다 앞서고 독창적인 마방진에 대한 해법을 제시하고 있다.

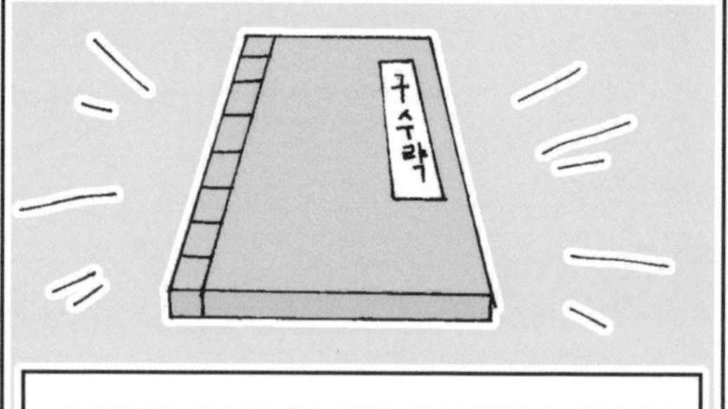


최석정이 완성한 《구수략》은 서양보다 훨씬 독창적으로 마방진에 대한 해법을 제시하고 있습니다.

제02장

# 우리 선조들 중에는 어떤 수학자들이 있었나요?

교과 연계

**초등 6-나** | 4단원 : 원과 원기둥(겉넓이, 부피)
**중등 3-가** | 1단원 : 실수와 그 계산(제곱근)

학습 목표

우리 선조들 중에 뛰어난 수학자들은 누가 있었는지 알아본다. 중국의 《구장산술》이라는 책이 어떤 영향을 끼쳤으며 당시의 수학 수준이 어느 정도였는지 배워 본다. 우리나라의 수학이 다른 나라의 수학과 비교해 독창적이고 우수한 면이 있었음을 알게 될 것이다.

우정 대감님에 대해 알고 나니, 우리나라에도 훌륭한 수학자가 계셨구나 하는 자부심이 생기네요. 그러면 우리 선조들 중에는 어떤 분들이 최석정 대감님과 같이 수학을 연구하셨나요?

최석정 우리 우정이 친구가 이 늙은이를 그렇게 생각해 주니 너무 고맙네요. 사실 현재 여러분이 알고 있는 많은 수학자들이 대부분 서양 사람들일 거예요. 그에 반해서 우리나라의 수학자들에 대해서는 많은 어린이가 모르고 있을 것 같군요. 그러면 이 기회에 우리 선조들 중에 어떤 수학자들이 있었는지 함께 알아볼까요?

우리 조상들 중에 어떤 수학자들이 있었나를 알아보기 전에 먼저 우리나라에서 언제부터, 어떻게 수학을 연구해 왔는지를 아는 것이 중요할 것 같네요. 여러분이 잘 알고 있듯이 우리나라는 이웃하고 있는 중국의 영향을 많이 받아 왔습니다. 역시 수학도 중국으로부터 많은 부분을 받아들였는데, 그 중에서 가장 큰 영향을 준 것은 동양수학의 기본서인《구장산술》이라는 책입니다.

고대 중국 위나라 때부터 전해 내려온 수학책인《구장산

술》은 평면기하, 분수, 방정식 등과 관련된 246개의 문제와 그 해결 방법이 들어 있습니다. 또 우리나라, 일본뿐만 아니라 인도 등의 동남아시아에도 많은 영향을 주어 동양의 수학을 발전시키는 데 큰 역할을 한 책입니다. 중국, 우리나라, 일본을 비롯한 동양권의 나라들은 옛날부터 수학을 학문적으로 연구하기보다는 성을 쌓고, 달력을 만들고, 농사를 짓는 등의 실생활을 편리하게 하기 위해 수학을 이용했답니다.

우리나라에서 최초로 수학을 공부한 사람은 삼국사기에 기록되어 있는 '부도'라는 분입니다. 신라 점해왕(서기 251년) 때 살았던 부도는 집안이 매우 가난한데도 남에게 아첨하지 않았고, 수학을 잘하여 임금님이 벼슬을 주어 물장고(궁의 창고)의 회계 일을 맡겼다고 합니다. 또 고구려, 백제, 신라에서는 절을 짓고, 탑을 쌓고, 토지를 측정하는 데 수학을 이용했다는 기록들이 나옵니다.

고려 시대에는 국가에서 정식으로 산사(수학자)를 뽑는 시험이 있었을 정도로 국가 차원에서 수학을 중요하게 여겼답니다. 또한 산사를 뽑을 때도 기본 교과서인 《구장산술》의 문제를 이용했다고 하는데 다음 문제들은 그때 보았던 시험 내용으로, 여러분도 한번 도전해 보세요.

어때요? 지금 여러분이 수학 시간에 배우는 것과 비슷하죠? 위 문제는 원의 넓이를 구하는 문제인데, 그 옛날에도 이러한 어려운 문제들을 가지고 고민했다는 것이 신기하지 않나요?

조선 시대에 이르러서는 수학의 전성기라고 불러도 될 만큼 수학이 발전했어요. 그중에서 가장 큰 역할을 하신 분이 바로 세종대왕이에요.

여러분이 알고 있듯이 세종대왕은 여러 분야에서 많은 연구를 했지요. 그중에서도 수학에 많은 노력을 보이셨는데, 집현전이라는 연구기관을 만들어 수학을 배우게 했을 뿐만 아니라 세종대왕도 직접 《산학계몽》이라는 책에 대해 강의를 받으면서까지 수학을 공부했답니다.

이렇게 세종대왕의 노력에 힘입어 조선 후기까지 많은 수학자들이 훌륭한 업적을 남길 수 있었지만 임진왜란 동안 중요한 수학책들이 불타 없어졌고, 일본 강점기에는 일본의 억압에 의해 우리 고유의 수학이 사라져 버리고 서양의 수학들이 들어왔지요.

이러한 우리나라의 아픈 역사 속에서 우리나라의 우수한 수학 업적들이 사라져 갔다는 것은 참으로 가슴 아픈 일이에요. 그래서 여러분은 우리 조상들이 연구한 수학에 대해 많은 부분을 알 수가 없었던 거지요.

그래도 관심을 가지고 잘 살펴보면 우리 조상들의 우수한 수학적 업적을 느낄 수 있을 거예요. 그럼 어떤 분들이 수학을 발전시켜 왔는지 함께 살펴볼까요?

삼국 시대나 고려 시대 때에는 수학자에 대한 뚜렷한 기록이 없어서 그 시대에 대한 이야기는 나도 알 수가 없답니다. 그런데 내가 살았던 조선 시대 때의 기록은 비교적 많이 남아 있어 여러분에게 자신 있게 말할 수 있지요. 조선 시대의 대표적인 수학자로는 '최석정'이라는 사람이 있는데……, 나에 대해서는 이미 알고 있겠지요?

하하하! 나보다 훌륭한 분이 많이 계셨는데, 먼저 홍정하라는 수학자는 1684년에 태어나 숙종 임금님을 모시며 나와 같은 시대에 살았어요. 이분은 나와 같은 양반 계급은 아니었지만 아버지, 할아버지, 장인 모두 수학자였던 수학자 집안에서 자라 누구보다 수학에 대해 많은 공부를 할 수 있었지요. 《구일집》이라는 이분이 쓴 수학책에는 1713년에 조선을 찾아왔던 중국의 유명한 수학자 하국주를 찾아가서 수학에 대해 이야기했던 내용이 유명한 일화로 기록되어 있답니다.

그 시대에는 요즘처럼 공식을 암기하고 문제를 풀이하는 식이 아닌 대화를 하면서 수학을 공부했어요. 이렇게 대화와 토론을 통해서 수학에 대한 새로운 생각을 서로 주고받으며 어려운 문제를 해결해 나갔지요. 그러면 두 분의 대화를 살짝 엿들어 볼까요?

**1713년 조선 시대 수학자 홍정하와 중국의 유명한 수학자 하국주의 대화**

홍정하 중국의 유명하신 수학자를 이렇게 뵙게 되어 영광입니다. 저는 아무것도 모르니 산학(수학)에 대해 한 수 가르침을 받고 싶습니다.

하국주 그대가 그리 청해 오니 내가 문제 하나를 내볼 터이니 한번 맞추어보시오. 360명이 한 사람마다 은 1냥 8전씩을 가지고 있다면 사람들이 가지고 있는 은의 합계는 모두 얼마가 되겠소?

홍정하 모두 648냥(1.8×360명=648명이므로)이 되옵니다.

하국주 그럼 이번에는 도형 문제입니다. 제곱한 넓이가 225평방자일 때 한 변의 길이는 얼마이겠소?

홍정하 제곱을 해서 255평방자가 되니, 15자(15×15=225이므로)가 되옵니다.

하국주 허허! 모두 맞추었군요. 그럼 이번엔 나에게 문제를 내보시오. 실력이 있으니 어려운 문제도 괜찮소.

홍정하 그러면 소인이 문제를 내보겠습니다.
여기에 공 모양의 옥이 있습니다. 이것을 깎아서 정육면체를 만들면 그 한 모서리의 길이가 얼마쯤 되겠습니까?

하국주 허험! 이 문제는 너무 어려워서 지금 당장 풀 수 없소.

어때요? 여러분이 보기에도 우리 조상인 홍정하가 잘난 체하던 하국주의 코를 납작하게 만든 것 같죠?

이처럼 홍정하는 산술(수 연산), 도형, 방정식, 함수 등을 해결하는 데 폭넓은 지식과 뛰어난 능력을 지닌 수학자였어요. 그 시대에 홍정하는 이미 지금 중학교 1학년 수학 과정에 나오는 구의 부피를 구하는 공식을 이해하고 있었던 거예요. 이것은 우리 조상들의 수학 실력이 중국 수학자보다 우수했다는 것을 보여 주는 예라고 할 수 있지요.

또한 조선 시대 대표적인 수학자로 이상혁과 남병길이란 분도 있답니다. 이 두 분은 같은 시대에 살면서 함께 수학을 연구했던 친구와 같은 사이였어요. 그런데 이상혁은 중인 신분이었고, 남병길은 나와 같은 양반 출신으로 벼슬을 하던 사대부였답니다. 두 사람은 서양 수학의 방법을 받아들였고, 천문학과 수학에 관한 책들을 남겼어요. 특히 이상혁이 쓴 《산술관견》은 일본의 수학자들이 "조선에서 수학이 새로운 경지에 올랐다"라고 칭찬할 정도로 우수한 면을 보이고 있지요.

그 외에 《묵사집산법》이란 책을 낸 경선징이란 분은 곱셈구구와 나눗셈을 체계화했고, 소수의 이름을 분, 리, 호, 사, 홀, 미, 섬, 사로 제시하는 등의 우수한 업적을 남겼어요.

위에 소개한 분들뿐만 아니라 역사적 기록에는 크게 남아 있지 않지만 나와 같이 평생을 수학을 연구했던 많은 조상들이 있었어요. 어때요? 우리나라에도 훌륭한 수학자들이 있었죠? 그렇지만 아직도 여러분은 피타고라스, 가우스, 오일러와 같은 서양 수학자들이 더욱 익숙할 거예요. 그래도 앞으로는 위와 같은 우리 수학자들에게 좀 더 많은 관심을 가져주길 바라고 조상들이 연구한 우리의 수학이 결코 서양의 수학에 뒤지지 않는다는 자부심을 가지길 진심으로 바라요. 그리고 여러분 중에서 조상의 얼을 이어받아 훌륭한 수학자가 나올 수 있기를 기대할게요. 어린이 여러분! 할 수 있겠죠?

## 제02장 핵심정리

- 우리나라뿐만 아니라 동양권의 수학은 중국의 수학책 《구장산술》의 영향을 받아 발전해 왔다. 《구장산술》은 역사적으로 볼 때 수학을 공부하는 기본 교과서였으며 평면기하, 방정식 등의 다양한 수학 문제 264개와 그 풀이가 적혀 있다.

- 우리나라를 포함한 동양권의 수학은 학문적으로 발달한 서양과는 달리 성을 쌓거나, 일식과 월식을 예상하고, 토지를 측량하는 등의 실생활에 유용하게 이용하려는 목적으로 발달해 왔다.

- 조선 시대 세종대왕의 많은 관심과 노력으로 수학의 전성기를 맞이하게 된다. 이 시대의 유명한 수학자들은 중국 수학자 하국주와의 대화로 유명한 홍정하, 이상혁과 남병길, 경선징 그리고 마방진을 연구한 최석정이 있다.

우리나라
수학은 어디에서
배워온 거죠?
어험~ 우리나라뿐만
아니라 동양의 수학은
거의 중국의 《구장산술》의
영향을 많이 받았지.

《구장산술》이
뭔데요?
한마디로 수학책인데,
평면기하, 방정식 등의
문제와 풀이가
아주 많단다.

그럼,
우리나라
수학도 별거
아니겠네요.
뭣이라!
나 말고도
우리나라에는
유명한 수학자들이
많이 있단다.

먼저, 신라 시대의 '부도'는,
뛰어난 수학 실력으로 궁중
의 회계를 맡았단다.

누구나 알고 있는 세종대왕
님도 훌륭한 수학자셨지.

그 밖에도
홍정하, 이상혁, 남병길,
경선징…… 그리고
뭐니뭐니해도 가장 훌륭한 나,
바로 최석정이 있지.
헉…….

제03장

# 마방진의 유래를 알고 싶어요

교과 연계

**초등 3-1** | 3단원 : 평면도형

**초등 4-1** | 8단원 : 문제 푸는 방법 찾기

**학습 목표**

마방진의 뜻을 알아보고 누가 처음으로 어떻게 만들었는지 배운다. 최석정이 마방진을 연구한 방법에 대해서도 알아본다. 사람들이 마방진을 신비하게 여긴 이유에 대해서도 살펴본다.

우정 최석정 대감님! 이제야 우리나라에도 훌륭한 수학자들이 많으셨고, 그분들이 남기신 업적이 우수하다는 것을 깨달았어요. 이제부터는 최석정 대감님이 남기신 업적에 대해 알고 싶어요. 대감님이 연구한 마방진은 무엇인가요?

최석정 여러분이 수학 퍼즐을 풀어 보면서 누구나 한 번쯤은 접해 보았던 것이 마방진이었을 거예요. 하지만 마방진의 정확한 뜻을 아는 어린이들은 그리 많지 않을걸요. 왜냐하면 어려운 한자어이기 때문이죠. 마방진에서 '방'자는 정사각형이란 뜻이고, '진'자는 나열한다는 뜻으로 아래의 그림과 같이 정사각형의 가로, 세로, 대각선에 있는 수들의 합이 모두 같도록 연속된 자연수를 배열한 것을 마방진이라고 해요.

| 4 | 9 | 2 |
|---|---|---|
| 3 | 5 | 7 |
| 8 | 1 | 6 |

가로, 세로, 대각선에 있는 수의 합이 모두 15인 마방진

마방진은 마법진이라고도 불리는데 이것은 영어의 'magic square'란 뜻을 번역한 거예요. 마법이라고 한 것은 배열된 수들의 합이 마치 마법처럼 모두 똑같기 때문이에요. 그래서 예부터 사람들은 이러한 마방진 속에 신비한 힘이 숨어 있다고 믿어 서양뿐만 아니라 우리 조선 시대에도 마방진을 부적으로 사용했던 적도 있답니다.

우정 아, 이제야 마방진의 뜻을 정확히 알았어요. 그렇다면 마방진은 누가 처음으로 만들었나요? 그리고 어떻게 만들었는지 알려 주세요.

최석정 음! 정말 어려운 질문이에요. 왜냐하면 평생 동안 마방진을 연구한 나로서도 누가 처음으로 마방진을 만들었는지, 어떻게 만들었는지는 정확히 알 수가 없답니다. 다만 역사를 살펴보면 지금으로부터 약 3~4천 년 전에 중국의 전설적인 하나라의 임금 우왕의 일화에서 마방진의 모습을 처음으로 살펴볼 수 있답니다.

옛날 중국의 낙양 남쪽에는 황허 강의 지류인 '낙수'라는 큰 천이 있었어요. 중국의 농민들은 이 주하에서 농사를 짓고 살았는데, 현재 우리나라에도 매년 여름에 장마철이 오면 한강이 넘치고 많은 피해가 발생하듯이 그 옛날 황하 강 주변에도 매년 여름철이 되면 많은 비가 내려 강물이 제방을 넘어 범람하면서, 정성스럽게 가꾼 농사뿐만 아니라 많은 사람들을 다치게 했어요. 이런 피해를 줄이려고 우왕은 강의 범람을 막기 위해 낙수落水의 제방을 튼튼히 쌓으라고 명하였지요. 이 제방을 쌓는 공사 도중에 강의 한쪽에서 거북이 한 마리가 나타났는데 그 거북이의 등에는 신기한 무늬가 새겨져 있었대요. 이를 본 많은 사람들이 거북이 등에 새겨진 무늬가 무엇일까 궁리하다가 이 무늬를 수로 표현해 보았더니 아래 그림처럼 가로, 세로, 대각선에 있는 수들의 합이 모두 15로 같았다고 해요.

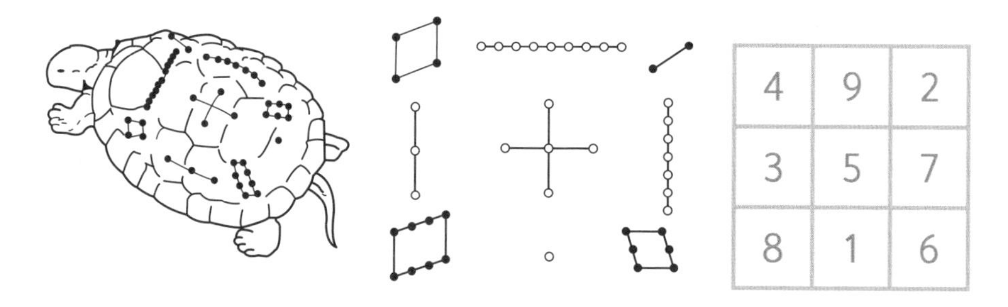


거북이 등에 있는 점들을 수로 표현한 마방진의 모습

위 그림과 같이 거북이 등에 있는 점들을 수로 표현했고, 이 수들은 1부터 9까지 연속된 자연수를 중복되지도, 빠뜨린 수도 없이 9개의 칸에 배열해 놓은 거예요.

옛날 사람들은 이 신비로운 무늬의 그림을 하늘이 거북이를 통해 인간 세계에 보내준 선물이라고 믿어 마방진의 수를 재앙을 막아주는 아주 신성하고 귀한 것으로 여겼어요. 그리고 '낙수'에서 얻은 하늘의 글이라는 뜻으로 '낙서'라고 불렀다고 합니다. 낙서라고 하니까 우리 친구들이 아무렇게나 쓰는 글이라고 생각하면 곤란해요.

이때부터 사람들은 그 낙서를 마방진이라고 불렀고, 이 신비한 수의 배열에 많은 관심을 가지고 연구를 시작했어요. 또한 유럽에도 알려져 마법진magic square이란 이름으로 불리게 되었답니다. 이는 우리나라에도 알려졌고 그래서 조선 시대에 이르러 나 또한 마방진의 신비에 빠져서 연구를 시작했지요.

마방진을 어떻게 만드는지 알아보기 위해서는 다양한 마방진의 종류를 먼저 알아야 해요. 다음 장에서 차근차근 이야기할게요.

- 마방진의 뜻은 가로, 세로, 대각선에 있는 수들의 합이 모두 같도록 정사각형 안에 연속된 수들을 한 번씩 사용하여 나열한 것을 말한다.

- 마방진을 누가 만들었는지는 정확히 모르지만 중국 하나라 우왕 때 거북이 등에 나타난 무늬를 수로 바꾸어 만든 '낙서'가 처음으로 알려졌다.

- 마방진은 수들의 합이 모두 같도록 배열되어 있는 신비함 때문에 예로부터 신성한 수로 여겨졌고, 많은 사람들이 연구를 해 왔다.

대감님,
마방진이
뭐예요?
마방진을 알려면
거북이를 잡아
거북이 등을
잘 살펴보거라.

에이~ 거북이
등에 아무것도
없는데요?
중국 하나라 우왕 때
우연히 발견된 거북이
등에 신기한 낙서가
있었는데 비밀이
숨겨져 있었단다.

거북이 무늬를
수로 표현해
보았더니…….

짠~ 이와 같은
숫자가 나왔단다.
4 9 2
3 5 7
8 1 6

이젠 비밀을
알겠니?
알 것 같기도
하고, 모를 것
같기도
하고…….

자, 가로, 세로
대각선의 수들을
더해보렴.
4+3+8, 4+5+6.
가로 세로의 합이
모두 같네요.
이게 마방진이구나.

제04장

# 여러 가지 **마방진**

**교과 연계**

**초등 4-2** | 5단원 : 사각형과 도형 만들기
**초등 5-2** | 5단원 : 도형의 대칭

**학습 목표**

방진형 마방진의 뜻을 알아보고 어떤 것들이 있는지 배운다. 마방진의 수 배열을 변화시키면 어떻게 되는지에 관해서도 배워 본다. 마방진 네모 안 숫자들의 공통점은 어떤 것들이 있는지 알아본다.

우정 마방진은 어떤 종류가 있나요?

최석정 마방진이란 말뜻에 정사각형이라는 뜻이 있긴 하지만 숫자들을 어떻게 배열하느냐에 따라 다양하답니다. 자, 그러면 여러 가지 다양한 마방진의 종류를 알아볼까요?

먼저, 가장 일반적인 방진형 마방진은 앞서 얘기했듯이 정사각형 모양을 말해요. 그런데 가로와 세로에 각각 몇 개의 수를 배열하느냐에 따라 이름이 조금씩 달라져요. 크게 홀수 개의 수가 있으면 '홀수 마방진', 짝수 개의 수가 있으면 '짝수 마방진'이라고 하는데, 이를 다시 배열된 수의 개수에 따라 3차, 4차, 5차… 마방진으로 구분하지요.

**홀수 마방진 — 3차 마방진**

| | | |
|---|---|---|
| 6 | 1 | 3 |
| 2 | 5 | 8 |
| 7 | 4 | 9 |

**홀수 마방진 — 5차 마방진**

| | | | | |
|---|---|---|---|---|
| 1 | 15 | 24 | 8 | 17 |
| 23 | 7 | 16 | 5 | 14 |
| 20 | 4 | 13 | 22 | 6 |
| 12 | 21 | 10 | 19 | 3 |
| 9 | 18 | 2 | 11 | 25 |

**짝수수 마방진 — 4차 마방진**

| | | | |
|---|---|---|---|
| 1 | 14 | 4 | 15 |
| 12 | 7 | 9 | 6 |
| 13 | 2 | 16 | 3 |
| 8 | 11 | 5 | 10 |

**짝수수 마방진 — 6차 마방진**

| | | | | | |
|---|---|---|---|---|---|
| 35 | 1 | 6 | 26 | 19 | 24 |
| 3 | 32 | 7 | 21 | 23 | 25 |
| 31 | 9 | 2 | 22 | 27 | 20 |
| 8 | 28 | 33 | 17 | 10 | 15 |
| 30 | 5 | 34 | 12 | 14 | 16 |
| 4 | 36 | 29 | 13 | 18 | 11 |

방진형 마방진의 예

방진형 마방진으로 수를 사용하지 않고 서로 다른 문자를 사용하여 만든 마방진을 라틴 마방진이라고 합니다.

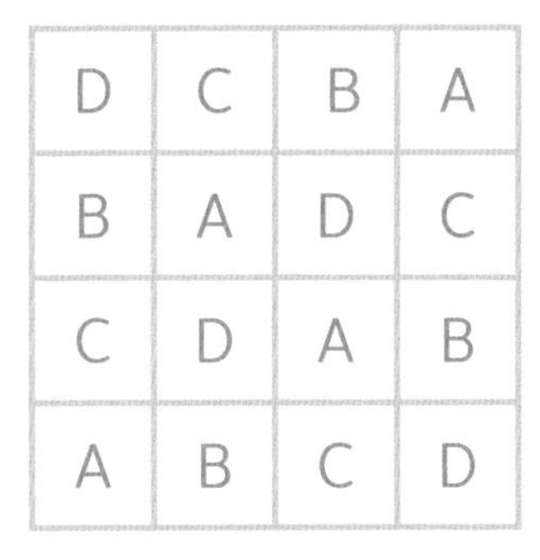

| D | C | B | A |
|---|---|---|---|
| B | A | D | C |
| C | D | A | B |
| A | B | C | D |

4차 라틴 마방진의 예

마지막으로 범마방진이 있어요. 대각선을 중심으로 양쪽으로 나란한 작은 대각선들을 범대각선이라고 하는데, 아래 그림과 같이 범마방진은 가로, 세로, 대각선의 합뿐만 아니라 범대각선에 배열된 수들의 합도 모두 같은 마방진이에요.

가로의 합 = 30

세로의 합 = 30

대각선의 합 = 30

범대각선의 합 = 30

4차 범마방진의 예

위와 같은 정사각형 모양이 아닌 변형된 모양의 방진들은 그 모양에 따라 구분해요. 원 모양은 원형진, 육각형 모양은 육각진, 팔각형 모양은 팔각진이라고 하지요. 이러한 변형진에 대해서는 뒤에서 자세히 알려 줄게요. 여러분이 잊지 말아야 할 것은 마방진은 정사각형을 기본 모양으로 하고 있지만 수 배열의 형태를 다양하게 바꾸어 주면, 얼마든지 다양한 모양으로 변형시킬 수 있다는 거예요. 이런 마방진의 변화무쌍한 모습 때문에 많은 사람들이 마방진을 신비스럽고 또 어렵게 생각한답니다. 그런데 다양한 마방진 속에도 다음과 같은 공통점이 있어요.

① 일정하게 나열된 수들의 합은 모두 같습니다.
② 숫자가 중복되거나 빠지지 않습니다.
③ 거꾸로 배열해도 같은 결과가 나옵니다.
④ 자연수만을 사용합니다.

- 방진형 마방진은 가장 기본적인 모양으로 정사각형 모양의 마방진을 말한다. 이러한 방진형 마방진은 크게 홀수 마방진, 짝수 마방진으로 나누며, 라틴 마방진, 범마방진 등으로 세분화해 나눌 수 있다.

- 마방진은 수 배열을 변화시키면 원형, 육각형, 팔각형 등으로 다양하게 모양을 변형시킬 수 있다.

- 다양한 마방진 속에서 다음과 같은 공통점을 찾을 수 있다.
  ① 일정하게 나열된 수들의 합은 모두 같다.
  ② 숫자가 중복되거나 빠지지 않는다.
  ③ 거꾸로 배열해도 같은 결과가 나온다.
  ④ 자연수만을 사용한다.

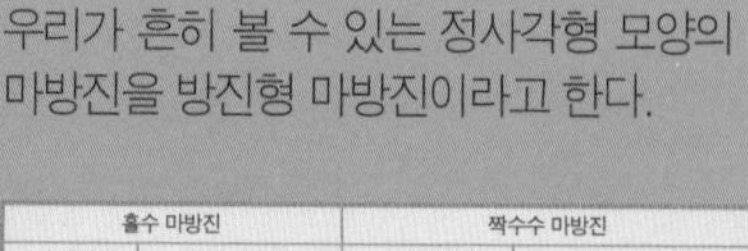


홀수 마방진 — 3차 마방진

| 6 | 1 | 3 |
|---|---|---|
| 2 | 5 | 8 |
| 7 | 4 | 9 |

홀수 마방진 — 5차 마방진

| 1 | 15 | 24 | 8 | 17 |
|---|---|---|---|---|
| 23 | 7 | 16 | 5 | 14 |
| 20 | 4 | 13 | 22 | 6 |
| 12 | 21 | 10 | 19 | 3 |
| 9 | 18 | 2 | 11 | 25 |

짝수수 마방진 — 4차 마방진

| 1 | 14 | 4 | 15 |
|---|---|---|---|
| 12 | 7 | 9 | 6 |
| 13 | 2 | 16 | 3 |
| 8 | 11 | 5 | 10 |

짝수수 마방진 — 6차 마방진

| 35 | 1 | 6 | 26 | 19 | 24 |
|---|---|---|---|---|---|
| 3 | 32 | 7 | 21 | 23 | 25 |
| 31 | 9 | 2 | 22 | 27 | 20 |
| 8 | 28 | 33 | 17 | 10 | 15 |
| 30 | 5 | 34 | 12 | 14 | 16 |
| 4 | 36 | 29 | 13 | 18 | 11 |

방진형 마방진을 수를 사용하지 않고 서로 다른 문자를 사용하면 라틴 마방진이 되는 거고……

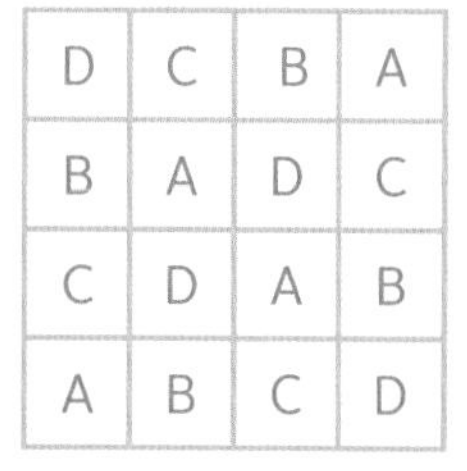

| D | C | B | A |
|---|---|---|---|
| B | A | D | C |
| C | D | A | B |
| A | B | C | D |

가로, 세로, 대각선의 합뿐만 아니라 범대각선에 배열된 수들의 합까지 같으면 범마방진이라고 하지.

| 14 | 9 | 2 | 5 |
|---|---|---|---|
| 3 | 4 | 15 | 8 |
| 13 | 10 | 1 | 6 |
| 0 | 7 | 12 | 11 |



가로의 합=30
세로의 합=30
대각선의 합=30
범대각선의 합=30

제05장

# 서양의 마방진

교과 연계

**초등 4-2** | 4단원 : 사각형과 도형 만들기
**중등 3** | 1단원 : 실수와 그 계산(실수, 무리수)

**학습 목표**

서양의 마방진은 어디에서 왔으며 누가 최초로 만들었는지 알아본다. 이 마방진의 숫자들이 무엇을 의미하는지도 배워 본다. 고대 그리스 시대에도 마방진이 있었는지에 대해 배우고 무엇의 영향을 받았는지도 살펴본다.

우정 동양에서는 거북이 등에 새겨진 '낙서'의 3차 마방진과 최석정 대감님이 만드신 여러 가지 마방진이 있다는 것을 알았는데요. 서양에서 연구한 마방진도 알고 싶어요.

최석정 이제 우리 우정이 친구가 세계적인 눈을 갖게 되었군요. 그래요. 마방진은 중국에서 우리나라, 일본, 인도, 동남아시아 등의 동양권으로 전해졌을 뿐만 아니라, 유럽에도 전해졌다고 했지요?

중국에서 발견된 거북이 등의 3차 마방진은 아마도 고대 그리스의 수학자 피타고라스나 다른 많은 수학자들에게도 알려져 연구되었다고 추측할 수 있는데, 아직 확실한 기록은 남아 있지 않다고 해요. 마방진이 워낙 신비하고 오묘한 해법을 가지고 있어서 비밀리에 전해졌기 때문에 그 기록이 많이 남아 있지 않은 것 같아요. 아무튼 중국의 3차 마방진 이후에 서양에서 최초로 발견된 마방진은 수학자이자 화가인 뒤러의 4차 마방진이에요.

뒤러(1471~1528)는 16세기 독일 사람으로 수학과 관련된 예술작품을 많이 만들었다고 해요. 그는 자신의 관 뚜껑에

〈멜랑콜리아 Melancholia〉라는 그림을 남긴 것으로 유명한데 그 그림 속에는 4차 마방진이 숨어 있어요. 그림의 우측 위에 그려진 이 4차 마방진은 서양에서 기록된 최초의 마방진 중 하나로 보고 있어요. 이 마방진 속에는 그림이 그려진 연도가 나타나 있는데 4차 마방진 맨 밑의 열 중앙에 숫자 15와 14가 있어요. 이 두 숫자가 그림이 그려진 1514년을 나타내고 있다고 하니 정말이지 우연의 일치인지, 아니면 뒤러가 의도적으로 그렸는지 신기할 뿐입니다.

그렇다면 뒤러는 왜 그림 속에 마방진을 그려 넣었을까요? 나도 여러분만큼 정말 궁금해지네요. 너무 어려운 질문인가요? 그건 뒤러 씨에게 물어봐야겠지만 많은 학자들은 다음과 같이 추측한다고 해요.

| 16 | 3 | 2 | 13 |
|---|---|---|---|
| 5 | 10 | 11 | 8 |
| 9 | 6 | 7 | 12 |
| 4 | 15 | 14 | 1 |

뒤러의 그림 속에 그려진 4차 마방진

서양의학에서는 고대 그리스 시대부터 '사성론'이라는 것을 아주 중요하게 여겼어요. 이것은 인간의 몸 안에 4가지의 액체가 흐르는데, 이 중 어느 것이 더 많이 흐르는가에 따라 성격이 달라진다는 이론이에요. 몸 안에 혈액이 많은 '다혈질'의 사람은 활동적이고, 담즙이 많은 '담즙질'의 사람은 변덕이 심하고, 점액이 많은 '점액질'의 사람은 끈질긴 성격이며 흑담즙이 많은 '우울질'의 사람은 내성적이라는 것이죠.

이러한 사성론에 따라 창의적인 사람, 즉 수학자를 우울질의 인간으로 보고, 이들은 측량, 건축, 연금의 신인 토성의 지배를 받는다고 생각했대요. 그래서 깊은 생각으로 우울질이 높아지면, 이러한 토성의 영향을 지워 버리고 기분을 전환하기 위해서 목성의 보조가 필요하다고 생각했지요. 당시의 점성술사는 마방진을 별과 연관지어 3방진은 토성, 4방진은 목성, 5방진은 화성, 6방진은 태양, 7방진은 금성, 8방진은 수성, 9방진은 달의 상징이라 했답니다.

이런 이유로 뒤러는 〈멜랑콜리아〉의 그림에서 생각에 열중하고 있는 수학자를 쉬게 하기 위해서 목성을 나타내는 4방진을 그려 넣었다는 이야기가 전해지고 있지요. 여러분 생각은 어때요? 이것이 사실이든 아니든 뒤러도 나와 같이 마방진의 매력에 푹 빠졌던 것만은 확실한 것 같네요.

뒤러의 4차 마방진 이후에 서양에서도 마방진에 대해 수많은 연구가 지속되었는데, 대표적인 수학자로는 파르마, 오일러 등이 있어요. 특히 B. 프레니클이라는 사람은 뒤러가 만든 4차 마방진의 해법이 총 880개라는 것을 처음으로 밝혀냈다고 하니 정말 대단하지 않나요?

마방진은 이렇게 동서양을 막론하고 오래전부터 많은 연구에 연구를 거듭해 왔지만 3차, 4차, 5차와 같은 몇몇 마방진의 해법만 일반화했을 뿐 아직도 많은 부분이 신비의 베일에 가려져 있답니다. 나는 우리 어린이 여러분이 남은 마방진의 신비를 충분히 알아낼 수 있으리라 믿고 싶어요.

이제 여러분도 마방진의 유래와 역사에 대해서는 잘 알았지요? 다음 장부터 마방진을 어떻게 만드는지에 대해 배워볼 거예요.

## 제05장 핵심정리

- 서양의 마방진은 중국에서 전해졌으며 고대 그리스 시대에도 3차 마방진을 알고 있었으리라 추측하고 있다.

- 서양에서의 최초의 마방진은 독일의 수학자이자 화가인 뒤러가 자신의 관 뚜껑에 그린 〈멜랑콜리아〉 그림 속에 있는 4차 마방진이다. 이 마방진의 맨 아랫줄 중간에 있는 두 숫자 15, 14는 이 그림이 그려진 년도인 1514년을 의미한다.

- 뒤러의 그림에 마방진이 그려진 것은 고대 그리스 의학에서 중요시했던 '사성론'의 영향이 크다고 본다. '사성론'은 몸 안에 흐르는 4가지 액체의 종류에 따라 사람의 성질이 달라진다는 이론이고 점성학자들은 마방진을 별과 관련이 있다고 생각했다. 뒤러는 사색을 많이 하는 '우울질'인 수학자들은 목성을 상징하는 4차 마방진으로부터 휴식을 얻을 수 있다고 믿었다.

대감님, 동양의 유명한 마방진에 대해 알아봤으니 서양에서 연구한 마방진에 대해서도 알고 싶어요.
드디어 우정이가 세계적인 눈을 갖게 되었구나. 간단히 설명해 줄께.

서양에서 최초로 발견한 마방진은 독일의 수학자이자 화가인 '뒤러'의 4차 마방진이란다.

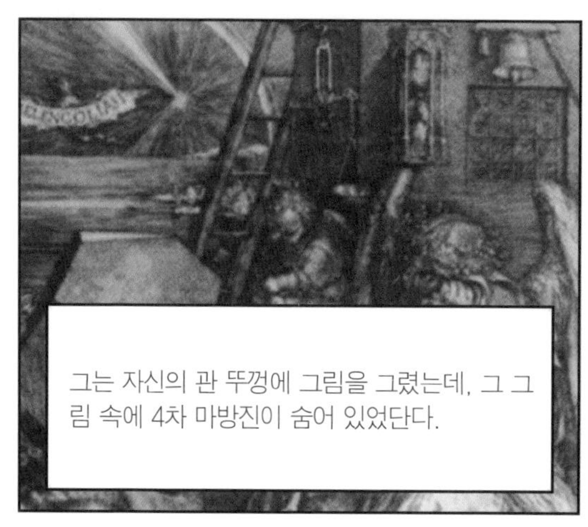
그는 자신의 관 뚜껑에 그림을 그렸는데, 그 그림 속에 4차 마방진이 숨어 있었단다.

뒤러는 그림 속에 왜 마방진을 그려 넣은 걸까요?
추측하자면, 고대 그리스 의학에서부터 중요시해 온 '사성론'의 영향을 받았기 때문이라고 할 수 있지.

'사성론'이 뭔데요?
'사성론'은 몸안에 흐르는 4가지 액체의 종류에 따라 성질이 달라진다는 것인데 수학자는 '우울질'에 속한단다.

그래서 수학자들은 목성을 상징하는 4차 마방진으로부터 휴식을 얻으려고 했고, '뒤러'의 그림에까지도 등장한 것이란다.
아하, 그렇구나!

제06장

# 홀수 마방진은 어떻게 만들죠?

**교과 연계**

**초등 3-1** | 2단원 : 덧셈과 뺄셈

**초등 4-1** | 8단원 : 문제 푸는 방법 찾기

**학습 목표**

홀수 마방진을 만드는 방법과 종류를 알아본다. 마방진의 성질을 파악하여 새로운 마방진을 만들어 마방진에 대한 확실한 개념을 세운다.

우정 최석정 대감님! 앞에서 마방진의 뜻과 유래, 종류에 대해 알아봤으니까 이제는 마방진을 한번 만들어 보고 싶어요. 먼저 홀수 마방진을 어떻게 만드는지 알려 주세요.

최석정 허허허! 이제 우리 친구가 마방진의 매력에 슬슬 빠져들고 있는 것 같네요. 나도 그런 매력에 빠져서 평생을 연구했지요. 그럼 우리 친구에게 홀수 마방진을 어떻게 만드는 지 쉽고 자세하게 가르쳐 줄게요. 그전에 알아야 할 것은 나열된 숫자의 개수가 많아질수록 만들 수 있는 마방진의 개수도 무수히 많아진다는 거예요. 예를 들어 3차 마방진의 개수는 1개이지만 5차 마방진의 개수는 무려 2억 7천 개 정도가 되니 이것을 다 찾으려면 정말 오래 걸리겠죠?

자, 이제 홀수 마방진을 만드는 방법을 알아볼까요?

**계단식 방법**(바쉐의 방법)

① 칸이 홀수인 정사각형을 만들고 아래의 왼쪽 그림처럼 대각선 방향을 양변으로 하는 경사진 방진을 만듭니다.

② 경사진 방진의 왼쪽 위로부터 오른쪽 아래로(또는 왼쪽 아래로부터 오른쪽 위로) 비스듬히 1, 2, 3, 4, …의 수를 써 넣습니다.

③ 원래의 방진 밖에 있는 칸의 수는 좌→우, 우→좌, 상→하, 하→상 방향으로 홀수 칸만큼 평행이동시켜 빈 칸을 채웁니다.

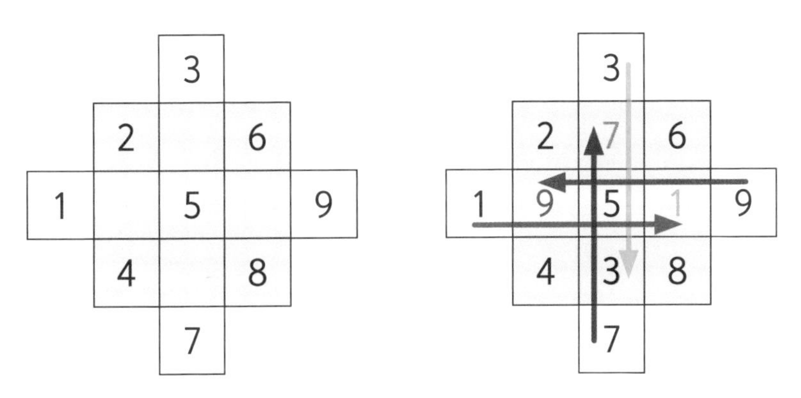


계단식 방법으로 3차 마방진을 만드는 과정

위 그림은 계단식 방법으로 3차 마방진을 만드는 과정을 나타냈어요. 이 방법은 가장 쉽게 홀수 마방진을 만드는 방법 중의 하나예요. 우선 3차 마방진을 만들 수 있는 정사각형을 그린 후, 대각선 방향으로 각각 2칸씩을 더 만들고, 1부터 차례대로 대각선 방향으로 써 나간 후, 빈 칸에는 서로 반대편 방향에 더 그려진 칸의 숫자를 써 넣으면 됩니다. 자 어때요. 쉽죠? 그러면 얼마나 잘 이해했는지 같은 방법으로 5차 마방진을 한번 만들어 보세요.

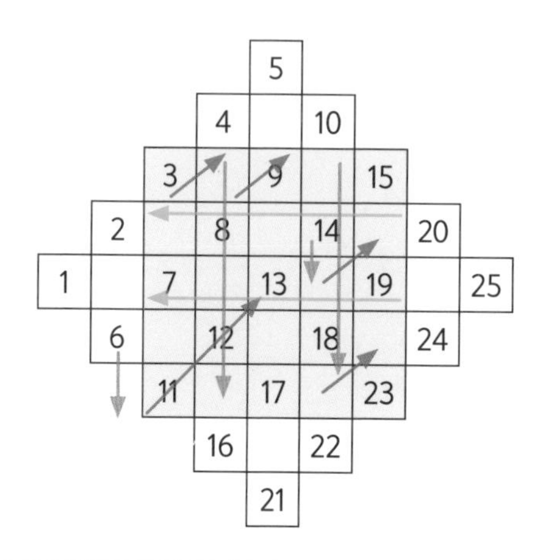


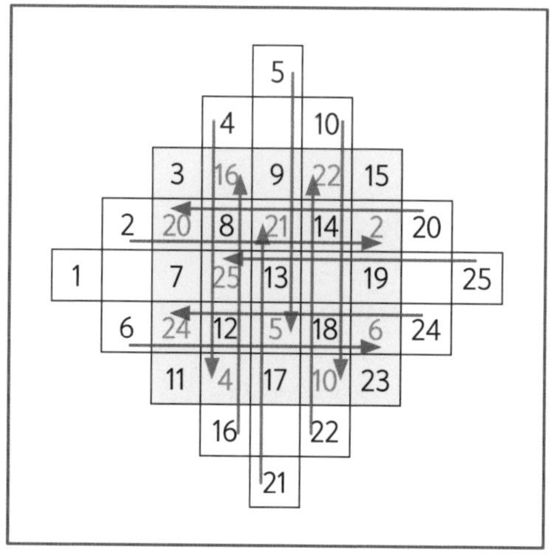


잘 했어요. 그러면 위 방법과 비슷하지만 약간 다른 방법도 알려 줄게요.

**대각선법**(샴 방법)

① 칸이 홀수인 정사각형을 만들고 맨 윗변 중앙에 1을 씁니다.

② 1이 쓰인 칸의 오른쪽 대각선 위의 빈 칸에 2, 3, …을 순서대로 써 가면서 방진의 테두리 밖으로 나오면 그 행의 왼쪽 끝, 또는 그 열의 바로 밑의 칸에 수를 씁니다.

③ 만약에 오른쪽 대각선 위에 이미 수가 쓰여 있으면 그 밑의 칸에 수를 넣고, 오른쪽 상단 구석에 왔을 때도 똑같이 바로 그 밑의 칸에 다음 수를 씁니다.

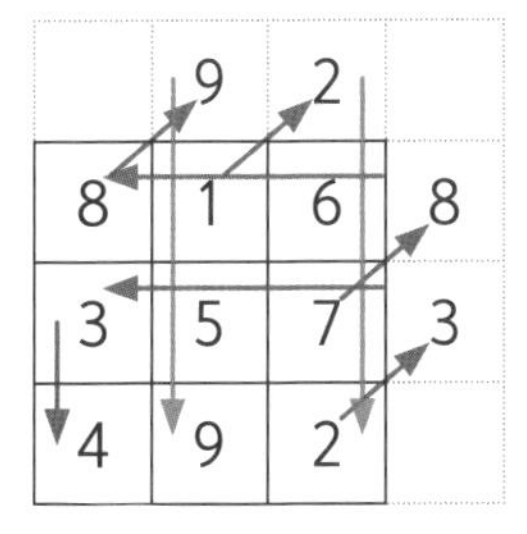


| | | |
|---|---|---|
| 8 | 1 | 6 |
| 3 | 5 | 7 |
| 4 | 9 | 2 |

대각선법으로 3차 마방진을 만드는 과정

위 그림은 대각선법으로 3차 마방진을 만드는 과정을 나타낸 거예요. 우선 맨 윗변의 가운데 칸에 1을 쓰고, 대각선 방향으로 2를 쓰는데, 정사각형 밖으로 나갔으므로 맨 아래

칸으로 내려가서 2를 쓰고, 역시 대각선 방향으로 3을 쓰는데 밖으로 나갔으므로 왼쪽 끝 칸에 3을 써요. 다음 수인 4를 대각선 방향으로 써야 하는데 이미 1을 썼으므로 바로 아래 칸에 4를 쓰고, 대각선 방향으로 5, 6을 써요. 이런 방법으로 해 나가면 3차 마방진을 만들 수 있어요. 역시 대각선법으로 5차 마방진을 한번 만들어 보세요.

| | | | | | |
|---|---|---|---|---|---|
| | | | 2 | 9 | |
| | | 1 | 8 | | |
| | 5 | 7 | | | |
| 4 | 6 | | | | 4 |
| 10 | | | | 3 | 10 |
| | | | 2 | 9 | |

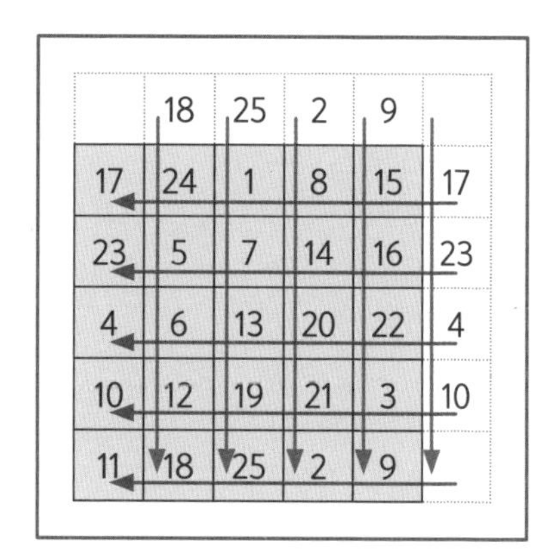


어때요? 참 쉽고 신기하게 홀수 마방진이 만들어지지요? 어떻게 이런 방법들을 통해서 마방진이 만들어질까요? 그것은 위 방법들이 앞서 배웠던 마방진의 공통점들을 만족시킬 수 있기 때문이에요. 수학자들이 발견해낸 위와 같은 방법으로 마방진의 성질을 이용하여 새로운 마방진을 만들 수 있을 거예요.

- 홀수 마방진을 만드는 방법에는 계단식 방법과 대각선법이 있다. 두 방법의 차이점을 익혀 어떤 홀수 마방진도 만들수 있도록 하는 것이 중요하다. 계단식 방법은 정사각형과 경사진 방진을 만들어 왼쪽 위에서 오른쪽 아래로 1, 2, 3, 4, …를 써 넣은 후 방진 밖에 있는 숫자는 좌 ↔ 우, 상 ↔ 하로 이동시켜 숫자를 채운다. 대각선법은 칸이 홀수인 정사각형을 만들어 맨 윗변 중앙에 1을 쓴다. 그 다음, 1에서 오른쪽 대각선 위의 빈칸에 2, 3을 순서대로 쓰는데 테두리 밖으로 그 행의 왼쪽 끝이나 열 바로 밑의 칸에 쓴다. 만약 이미 수가 쓰여 있으면 그 밑의 칸에 수를 쓴다.

- 여러분도 노력하면 마방진의 성질을 만족하는 새로운 방법을  충분히 만들 수 있다.

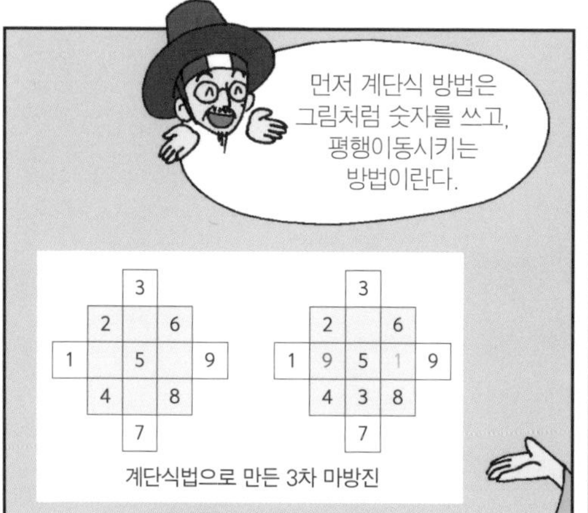

계단식법으로 만든 3차 마방진

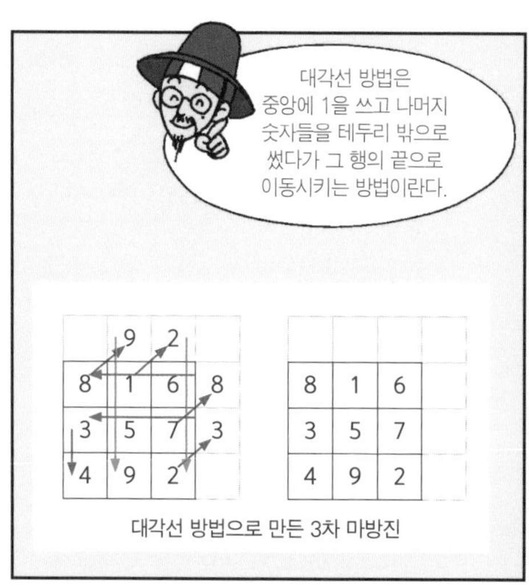

대각선 방법으로 만든 3차 마방진

제07장

# 짝수 마방진은 어떻게 만들죠?

**교과 연계**

**초등 3-2** | 8단원 : 문제 푸는 방법 찾기
**초등 6-1** | 3단원 : 수의 범위

**학습 목표**

짝수 마방진을 만들 때 고려해야 할 점과 만드는 방법을 알아본다. 4 곱하기 4 마방진을 만들 때 4로 나누어떨어지는 마방진과 4로 나누어떨어지지 않는 마방진을 그리는 법과 특성을 배워 본다.

우정 대감님께서 알려 주신 방법으로 해 보니 쉽게 홀수 마방진을 만들 수 있네요. 정말 재미있고 신기해요. 이젠 짝수 마방진을 만들어 보고 싶어요. 어떻게 만들 수 있나요?

최석정 우리 우정이 친구가 홀수 마방진 만드는 방법을 쉽게 이해했다니 짝수 마방진 만드는 방법도 그리 어렵지는 않을 것 같네요.

짝수 마방진은 4의 배수(4, 8, 12…) 마방진과 4의 배수가 아닌 짝수(6, 10, 14…) 마방진으로 나눌 수 있어요.

그럼 먼저 4의 배수 마방진 만드는 방법을 알아볼까요?

### 모스-헤르둔트 수열법

이 방법은 4의 배수일 때는 칸의 수가 1 : 2 : 1의 비율로 나뉜다는 것을 이용한 거예요.

① 아래 그림처럼 영역을 9개의 구역으로 나눕니다.

② 밝은 색으로 표시된 B, D, F, H 영역에 글을 써 내려가듯이 정방향으로 숫자를 차례로 써 넣습니다.

③ 진한 색으로 표시된 나머지 영역에 끝에서부터 역방향으로 숫자를 차례로 써 올라가며 빈 칸을 다 채웁니다.

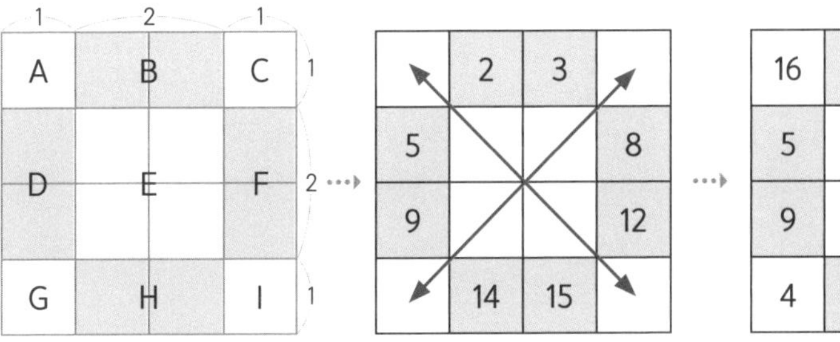


모스-헤르둔트 수열법으로 4차 마방진을 만드는 과정

### 4차 마방진으로 나누어 만들기

이 방법은 4 × 4짜리 작은 마방진으로 나눈 후, 모스 - 헤르둔트 수열법과 같은 방법으로 만드는 거랍니다.

① 전체 칸을 4×4짜리 작은 마방진으로 나눕니다.

② 4차 마방진과 같은 방법으로 숫자를 쓰며 빈 칸을 모두 채웁니다.

| | | | | | | | |
|---|---|---|---|---|---|---|---|
| | 2 | 3 | | | 6 | 7 | |
| 9 | | | 12 | 13 | | | 16 |
| 17 | | | 20 | 21 | | | 24 |
| | 26 | 27 | | | 30 | 31 | |
| | 34 | 35 | | | 38 | 39 | |
| 41 | | | 44 | 45 | | | 48 |
| 49 | | | 52 | 53 | | | 56 |
| | 58 | 59 | | | 62 | 63 | |

| | | | | | | | |
|---|---|---|---|---|---|---|---|
| 64 | 2 | 3 | 61 | 60 | 6 | 7 | 57 |
| 9 | 55 | 54 | 12 | 13 | 51 | 50 | 16 |
| 17 | 47 | 46 | 20 | 21 | 43 | 42 | 24 |
| 40 | 26 | 27 | 37 | 36 | 30 | 31 | 3 |
| 32 | 34 | 35 | 29 | 28 | 38 | 39 | 25 |
| 41 | 23 | 22 | 44 | 45 | 19 | 18 | 48 |
| 49 | 15 | 14 | 52 | 53 | 11 | 10 | 56 |
| 8 | 58 | 59 | 5 | 4 | 62 | 63 | 1 |

4×4짜리 작은 마방진으로 나누어 8차 마방친을 만드는 과정

위와 같은 방법으로 4의 배수인 짝수 마방진을 쉽게 만들 수 있을 거예요. 여러분도 한번 따라해 보세요.

그럼 이번에는 4의 배수가 아닌 6차 짝수 마방진을 만들어 볼까요?

### 테두리를 이용한 방법

6 × 6과 같이 4로 나누어떨어지지 않는 짝수 마방진을 한 번에 만들기란 매우 어려워요. 그래서 4차 마방진의 테두리에 한 칸씩을 더 그려 해결하는 방법을 소개할게요. 이 방법은 고대 중국의 원나라 때 쓰던 방법이라고 합니다.

① 4×4 마방진을 그린 후, 위아래, 양옆에 한 칸씩을 더 그려 테두리를 만듭니다.

| | | | | | |
|---|---|---|---|---|---|
| | 16 | 9 | 5 | 4 | |
| | 2 | 7 | 11 | 14 | |
| | 3 | 6 | 10 | 15 | |
| | 13 | 12 | 8 | 1 | |
| | | | | | |

② 맨 윗줄의 오른쪽 셋째 칸부터 1, 2, 3, 4를 넣고 오른쪽 위에서 아래쪽으로 5, 6, 7, 8까지 넣습니다. 다음으로 9는 윗줄의 오른쪽에서 두 번째 칸에 넣고 10은 오른쪽 줄 아래에서 두 번째 칸에 넣습니다.

| 4 | 3 | 2 | 1 | 9 | 5 |
|---|---|---|---|---|---|
| | 16 | 9 | 5 | 4 | 6 |
| | 2 | 7 | 11 | 14 | 7 |
| | 3 | 6 | 10 | 15 | 8 |
| | 13 | 12 | 8 | 1 | 10 |
| | | | | | |

③ 진한 색으로 칠해져 있는 숫자들을 반대편으로 보낸 후, 테두리에 있는 빈 칸에는 37-(반대편에 있는 숫자)의 결과를 쓰면 됩니다.

| 4 | 3 |  |  |  | 5 |
|---|---|---|---|---|---|
| 6 | 16 | 9 | 5 | 4 |  |
|  | 2 | 7 | 11 | 14 | 7 |
|  | 3 | 6 | 10 | 15 | 8 |
| 10 | 13 | 12 | 8 | 1 |  |
|  |  | 2 | 1 | 9 |  |

| 4 | 3 | 35 | 36 | 28 | 5 |
|---|---|---|---|---|---|
| 6 | 16 | 9 | 5 | 4 | 31 |
| 30 | 2 | 7 | 11 | 14 | 7 |
| 29 | 3 | 6 | 10 | 15 | 8 |
| 10 | 13 | 12 | 8 | 1 | 27 |
| 33 | 34 | 2 | 1 | 9 | 32 |

④ 마지막으로 가운데 노란색으로 칠해진 4차 마방진의 모든 수에 10씩 더한 수를 씁니다.

| 4 | 3 | 35 | 36 | 28 | 5 |
|---|---|---|---|---|---|
| 6 | 26 | 19 | 15 | 14 | 31 |
| 30 | 12 | 17 | 21 | 24 | 7 |
| 29 | 13 | 16 | 20 | 25 | 8 |
| 10 | 23 | 22 | 18 | 11 | 27 |
| 33 | 34 | 2 | 1 | 9 | 32 |

### 테두리를 이용하여 6×6 마방진을 만드는 과정

#### LUX와 샴의 혼합법

이 방법은 콘웨이라는 사람이 발견한 것으로 숫자를 알파벳 L, U, X 모양을 따라 배치하면 돼요. 아래 방법은 6 × 6 마방진을 LUX 방법으로 만드는 과정이에요.

① 먼저 3×3 마방진을 그린 후, 아래 그림처럼 위에서 첫 번째, 두 번째 줄에는 알파벳 L을, 세 번째 줄에는 U자를 써 넣습니다.

| | | |
|---|---|---|
| L | L | L |
| L | L | L |
| U | U | U |

② 위에서 두 번째 줄에 있는 알파벳 L과 맨 밑에 있는 줄의 가운데 알파벳 U를 바꿉니다.

| | | |
|---|---|---|
| L | L | L |
| L | U | L |
| U | L | U |

③ 1부터 36까지의 숫자를 (1, 2, 3, 4), (5, 6, 7, 8)··· (33, 34, 35, 36) 식으로 4개씩 짝지어 3차 마방진을 만드는 방법 중 샴 방법과 같이 만들어 갑니다. 이때 각각 4개씩의 숫자들은 다음과 같이 알파벳 L과 U의 모양대로 배치합니다.

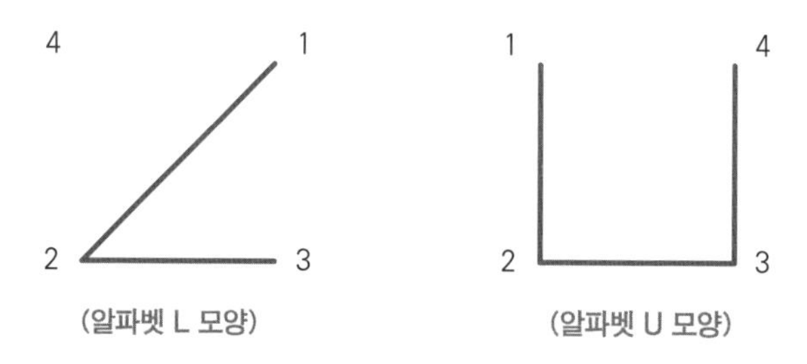


(알파벳 L 모양) (알파벳 U 모양)

| 32 | 29 | 4 | 1 | 24 | 21 |
|---|---|---|---|---|---|
| 30 | 31 | 2 | 3 | 22 | 23 |
| 12 | 9 | 17 | 20 | 28 | 25 |
| 10 | 11 | 18 | 19 | 26 | 27 |
| 13 | 16 | 36 | 33 | 5 | 8 |
| 41 | 15 | 34 | 35 | 6 | 7 |

## 제07장 핵심정리

- 짝수 마방진을 만들 때는 4로 나누어지는 4, 8, 12…차 마방진과 4로 나누어떨어지지 않는 6, 10, 14…차 마방진으로 나누어 생각해야 한다.

- 4×4 마방진을 만드는 방법에는 모스－헤르둔트 수열법이 있고, 4로 나누어지는 8, 12…차 마방진은 4×4차 마방진으로 나누어 만드는 방법이 있다.

- 4로 나누어떨어지지 않는 6, 10, 14…차 마방진은 한 번에 만드는 방법이 없어 몇 단계를 거쳐 만들어야 한다. 대표적으로 테두리를 이용한 것과 알파벳 모양의 배치를 이용한 콘웨이의 LUX법이 있다.

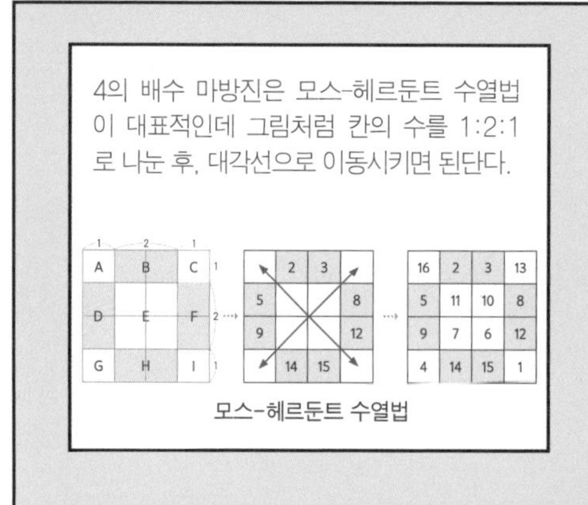

4의 배수 마방진은 모스-헤르둔트 수열법이 대표적인데 그림처럼 칸의 수를 1:2:1로 나눈 후, 대각선으로 이동시키면 된단다.

| A | B | C |
|---|---|---|
| D | E | F |
| G | H | I |

| | 2 | 3 | |
|---|---|---|---|
| 5 | | | 8 |
| 9 | | | 12 |
| | 14 | 15 | |

| 16 | 2 | 3 | 13 |
|---|---|---|---|
| 5 | 11 | 10 | 8 |
| 9 | 7 | 6 | 12 |
| 4 | 14 | 15 | 1 |

모스-헤르둔트 수열법

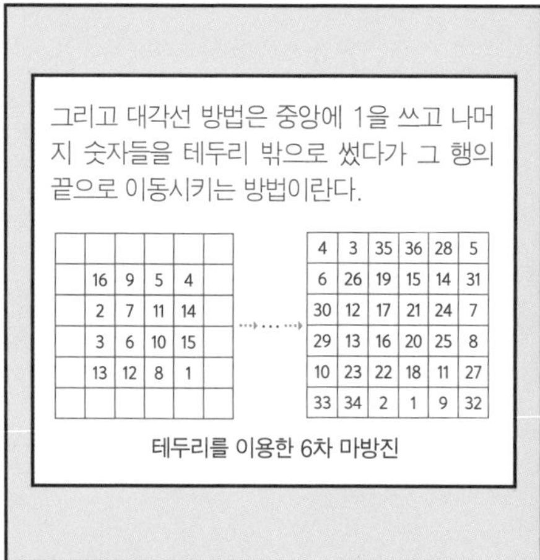

그리고 대각선 방법은 중앙에 1을 쓰고 나머지 숫자들을 테두리 밖으로 썼다가 그 행의 끝으로 이동시키는 방법이란다.

| | | | | | |
|---|---|---|---|---|---|
| | 16 | 9 | 5 | 4 | |
| | 2 | 7 | 11 | 14 | |
| | 3 | 6 | 10 | 15 | |
| | 13 | 12 | 8 | 1 | |
| | | | | | |

| 4 | 3 | 35 | 36 | 28 | 5 |
|---|---|---|---|---|---|
| 6 | 26 | 19 | 15 | 14 | 31 |
| 30 | 12 | 17 | 21 | 24 | 7 |
| 29 | 13 | 16 | 20 | 25 | 8 |
| 10 | 23 | 22 | 18 | 11 | 27 |
| 33 | 34 | 2 | 1 | 9 | 32 |

테두리를 이용한 6차 마방진

제 08 장

# 마방진 속의 마법수를 어떻게 구하나요?

교과 연계

**초등 3-2** | 8단원 : 문제 푸는 방법 찾기
**초등 6-1** | 3단원 : 수의 범위

**학습 목표**

마법수의 뜻이 무엇이며, 무엇에 따라 달라지는지를 배워 본다. 마법수가 중요한 까닭과 마법수를 이용하여 마방진을 어떻게 해결할 수 있는지도 알아본다 .

우정 이제 기본적인 홀수 마방진과 짝수 마방진을 쉽게 만들 수 있을 것 같아요. 그런데 대감님! 여러 가지 홀수 마방진과 짝수 마방진을 만들다 보니 각각의 마방진 속에는 특별한 숫자가 숨어 있는 것 같아요. 3차 마방진에서는 각 줄의 합이 모두 15이고, 4차 마방진에서는 각 줄의 합이 모두 34가 되었던 것처럼 말이에요. 이러한 숫자들은 어떻게 구할 수 있나요?

최석정 역시 우리 우정이 친구는 똑똑하군요. 마방진 속에 숨어 있는 신비한 수를 발견해 냈으니 말이에요. 3차 마방진에서 찾을 수 있는 15, 4차 마방진에서 찾을 수 있는 34와 같이 마방진 속에서는 가로, 세로, 대각선에 있는 숫자들의 합이 일정한 수를 나타낸다는 것을 알았을 거예요. 이러한 수들은 마방진에서 아주 중요한 역할을 하지만 이것을 부르는 정확한 이름은 없답니다. 나는 이 수들이 마법과 같이 신기한 마방진을 만들어 주므로 '마법수'라고 부르고 싶군요. 여러분 생각은 어때요. 근사하지 않나요?

앞서 배웠듯이 마방진은 가로, 세로, 대각선에 있는 숫자들의 합이 모두 같아요. 이러한 마법수들은 마방진의 종류와 모양, 그리고 쓰인 숫자들에 따라 변하게 되는데 마방진 속의 숫자들이 바로 이 마법수를 맞추기 위해 다양하게 배치된답니다. 마방진의 신비한 매력이 바로 마법수로부터 나온다고 해도 과언이 아니지요.

그럼 이제부터 마법수에 대해 알아볼까요?

먼저 3차 마방진을 생각해 봐요. 다음 그림에서 쓰인 숫자는 1부터 9까지 모두 9개예요. 그리고 가로, 세로, 대각선에 놓인 3개의 숫자들의 합은 모두 15이지요. 여기서 15가 이 3차 마방진 속에 숨어 있는 마법수가 되는 거예요.

| 6 | 7 | 2 |
|---|---|---|
| 1 | 5 | 9 |
| 8 | 3 | 4 |

마법수가 15인 3차 마방진

그런데 왜 숫자들의 합이 모두 15가 될까요? 이것은 어려울 것 같지만 이렇게 생각해 보면 쉽게 이해할 수 있어요.

위 마방진에 쓰인 숫자들의 합을 모두 더해 보면 얼마이지요? 네, 맞습니다. 45가 되지요. 그리고 마방진에 있는 가로, 세로, 대각선에는 각각 몇 개의 숫자들이 있지요? 그렇지요. 각각 3개씩 있어요. 그런데 각각 3개씩의 숫자들의 합이 같아야 하므로 전체 숫자들의 합을 3으로 나누어 보세요. 그러면 얼마가 되지요? 맞아요. 바로 마법수인 15가 된답니다.

$$1+2+3+4+5+6+7+8+9=45$$

$$45 \div 3 = 15 \text{(마법수)}$$

이번에는 4차 마방진을 생각해 보죠. 다음 그림과 같이 1부터 16까지의 숫자를 사용하여 만든 마방진에서 가로, 세로, 대각선에 있는 숫자들의 합은 모두 얼마인가요? 네, 34가 됩니다. 그러면 34라는 마법수가 어떻게 나왔는지 생각해 보세요.

| | | | |
|---|---|---|---|
| 15 | 6 | 3 | 10 |
| 4 | 9 | 16 | 5 |
| 14 | 7 | 2 | 11 |
| 1 | 12 | 13 | 8 |

마법수가 34인 4차 마방진

$$1+2+3+4+5+6+7+8+9+10$$
$$+11+12+13+14+15+16=136$$
$$136 \div 4 = 34(\text{마법수})$$

그래요. 3차 마방진에서 찾은 방법과 똑같이 생각하면 쉽게 찾을 수 있을 거예요.

자! 그러면 여러분도 이젠 쉽게 마법수를 찾을 수 있겠죠?

우정 그렇다면 대감님! 3차 마방진의 마법수는 항상 15이고, 4차 마방진의 마법수는 항상 34가 되겠네요?

최석정 어이쿠! 내가 중요한 것을 가르쳐주지 않았군요. 마법수는 항상 같은 것이 아니라 쓰인 숫자의 개수와 어떤 식으로 나열되었느냐에 따라 달라진답니다. 앞에서 배운 마방진들은 모두 1부터 시작되어 연속된 숫자들을 써 넣었지만 다음과 같은 숫자들로 3차 마방진을 만들면 마법수는 어떻게 나올까요?

주어진 수 : 3, 5, 7, 9, 11, 13, 15, 17, 19

| | | |
|---|---|---|
| 9 | 19 | 5 |
| 7 | 11 | 15 |
| 17 | 3 | 13 |

마법수가 33인 3차 마방진

위에 있는 3차 마방진에 쓰인 숫자들은 연속된 숫자가 아닌 3부터 19까지의 홀수이고, 마법수는 33으로 앞에서 나온 3차 마방진의 마법수인 15와 달라요. 이와 같이 같은 3차 마방진이라고 해도 쓰인 숫자들에 따라 마법수는 달라진다는 것을 꼭 기억하세요. 하지만 마법수를 구하는 방법은 같답니다.

$$3 + 5 + 7 + 9 + 11 + 13 + 15 + 17 + 19 = 99$$

$$99 \div 3 = 33(\text{마법수})$$

**우정** 아, 같은 마방진이라고 해도 마법수가 항상 같은 것이 아니었군요. 마법수란 이름처럼 정말 마법과 같이 변하니, 약간 알쏭달쏭하네요. 대감님! 우리 어린이들이 쉽게 이해할 수 있도록 다시 한번 마법수 구하는 방법을 확실히 알려 주세요. 네?

**최석정** 허허허! 우리 우정이 친구가 마법수의 마법에 걸려들어 헤매고 있군요. 나도 처음 마방진을 공부할 때는 우정이 친구처럼 자꾸만 변하는 마법수 때문에 정말 어려웠답니다. 그런데 계속 공부하다 보니 어떤 마방진 속에 숨어 있는 마법수라도 쉽게 찾아낼 수 있는 나

만의 비법을 찾아냈지요. 이건 누구한테도 알려 주지 않았던 나만의 비법인데 우리 우정이 친구와 같이 수학에 열정이 있는 어린이들에게 특별히 가르쳐 줄게요.

마법수는 사용한 숫자들에 따라 달라지지만 구하는 방법은 똑같지요. 다음과 같이 숫자 대신에 ㉠부터 ㉨까지 써 넣은 3차 마방진을 생각해 볼까요? 마방진은 가로, 세로, 대각선에 있는 숫자들의 합이 같아야 하므로 다음과 같은 식을 만들 수 있겠지요.

그런데 각각 3개씩을 더한 값은 (㉠ + ㉡ + ㉢ + ㉣ + ㉤ + ㉥ + ㉦ + ㉧ + ㉨)을 3으로 나눈 것과 같아요.

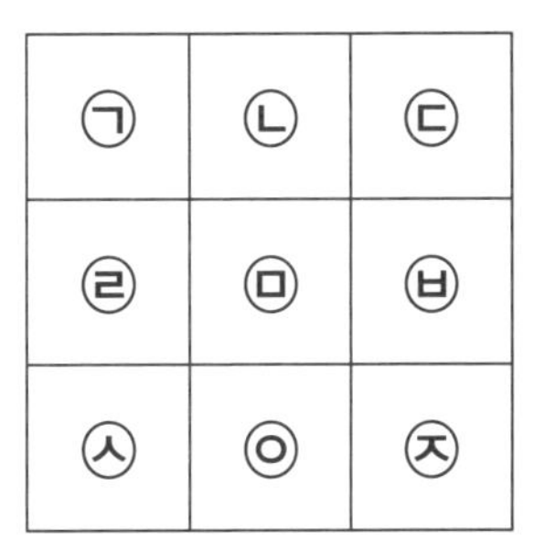


㉠+㉡+㉢=㉣+㉤+㉥=㉦+㉧+㉨
→ (㉠+㉡+㉢+㉣+㉤+㉥+㉦+㉧+㉨)÷3

다시 쉽게 말할게요. 만약 $n$차 마방진 속에 숨어 있는 마법수를 찾아내려면 그 속에 있는 모든 숫자들의 합을 $n$으로 나누면 됩니다. 어때요? 정말 쉬우면서도 확실한 방법이지요?

자! 그러면 1부터 36까지 써 넣은 6차 마방진은 마법수를 얼마로 해야 할까요?

우정 와! 대감님께서 설명해 주신 방법대로 해 보니 정말 쉽게 마법수를 찾을 수 있네요. 그런데 마방진을 만드는 데 마법수는 어떤 역할을 하나요?

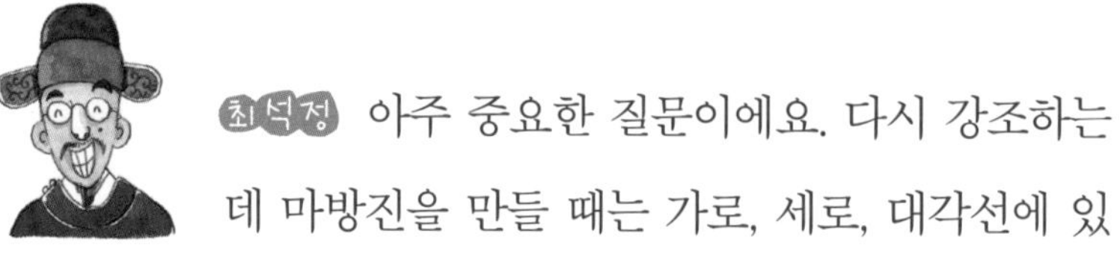

최석정 아주 중요한 질문이에요. 다시 강조하는 데 마방진을 만들 때는 가로, 세로, 대각선에 있는 숫자들의 합을 같게 하는 것이 중요해요. 그런데 이때, 숫자들의 합을 얼마로 해야 하는지를 알 수 있다면 보다 쉽고 정확하게 알맞은 자리에 숫자들을 써 넣을 수 있답니다. 그러니까 마방진을 만드는 데 마법수는 기준이 되고, 안내해 주는 역할을 하지요.

어때요? 이만 하면 마법수가 꽤 중요하다는 것을 알 수 있겠죠.

## 제08장 핵심정리

- 마방진의 가로, 세로, 대각선에 있는 숫자들의 합은 모두 같은데 이렇게 더해서 나오는 수를 '마법수'라고 한다.

- 마법수는 항상 일정한 것이 아니라 마방진의 종류와 모양, 그리고 마방진에 쓰인 숫자들에 따라 달라진다.

- $n$차 마방진 속에서 마법수는 마방진에 쓰인 모든 숫자들의 합을 $n$으로 나눈 값이 된다.

- 마방진을 만들 때, 마법수가 얼마인지를 알면 보다 쉽고 정확하게 숫자들을 알맞은 자리에 써 넣을 수 있으므로 아주 중요하다.

…+…
이렇게 하고……
그 다음은……
어라, 신기하네.

어험, 우정아,
무엇을 하고 있느냐.
뭔가 발견한
모양이구나.
대감님 오셨어요?
제가 여러 마방진의
수들을 더해 보니
각 줄의 합이 다 같지
뭐에요.

허허, 우정이는
참 똑똑하구나.
마방진 속에 숨어 있는
신비한 수를 발견해
냈으니 말이다.
헤헤,
대감님 3차 마방진의
각 줄의 합이 15이고
4차 마방진은
34가 되네요.

맞단다. 15, 34와
같은 수들을 나는
마법수라고 부르고
있단다.
마법수요?
좀 더 자세히
알고 싶어요.

예를 들어 3차
마방진의 경우
숫자들의 합을 더해 보면
45가 되고,
가로, 세로, 대각선의 숫자는 각각 3개씩 있단다.
따라서, 45를 3으로 나누면 15가 되지.
6 7 2
1 5 9
8 3 4
1+2+3+4+5+6+7+8+9=45
45÷3=15 (마법수)
마법수가 15인 3차 마방진

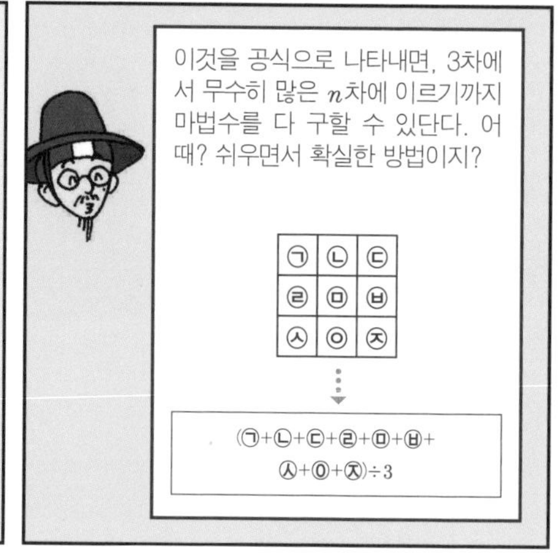
이것을 공식으로 나타내면, 3차에
서 무수히 많은 n차에 이르기까지
마법수를 다 구할 수 있단다. 어
때? 쉬우면서 확실한 방법이지?
㉠ ㉡ ㉢
㉣ ㉤ ㉥
㉦ ㉧ ㉨
(㉠+㉡+㉢+㉣+㉤+㉥+
㉦+㉧+㉨)÷3

제09장

# 스도쿠를 알면 마방진이 쉬워지나요?

**교과 연계**

**초등 3-2** | 8단원 : 문제 푸는 방법 찾기
**초등 6-1** | 3단원 : 수의 범위

**학습 목표**

스도쿠가 무슨 뜻이며 스도쿠를 만드는 법칙에 대해서 배워 본다. 스도쿠와 마방진의 공통점은 가로와 세로에 있는 숫자들의 합이 모두 같다는 것인데 이러한 스도쿠의 성질을 이용하여 마방진을 만들어 본다.

우정 대감님! 요즘 신문이나 인터넷에서 인기 있는 스도쿠 게임을 아세요? 제가 생각할 때는 이 스도쿠 게임이 마방진과 매우 비슷해 보이는데, 스도쿠와 마방진의 관계에 대해 말씀해 주세요.

최석정 와! 어떻게 스도쿠 게임과 마방진이 연관성이 있다는 것을 생각했는지, 우정이 친구의 관찰력은 정말 대단하네요. 여러분은 '조선 시대 이 늙은이가 어떻게 요즘 유행하는 스도쿠 게임을 알겠느냐?' 하는 의심도 있겠지만, 스도쿠 게임은 마방진을 공부하던 사람들에게는 이미 오래전부터 잘 알려져 있었답니다. 아! 여러분 중

에는 스도쿠 게임이 무엇인지, 어떻게 하는지 정확히 모르는 친구들이 있는 것 같군요.

그럼 먼저 스도쿠가 무엇인지, 어떻게 하는 건지부터 알려 줘야겠군요. '스도쿠'라는 뜻은 '숫자들이 겹치지 않아야 한다'라는 일본어랍니다. 이 게임은 다음 그림과 같이 9 × 9 모양의 정사각형의 각 칸에 1부터 9까지의 숫자를 가로, 세로에 겹치지 않도록 1번씩만 써 넣는 숫자 퍼즐이에요.

| | | | | | | | | |
|---|---|---|---|---|---|---|---|---|
| 5 | 1 | 3 | 7 | 2 | 4 | 9 | 6 | 8 |
| 7 | 4 | 8 | 1 | 6 | 9 | 2 | 3 | 5 |
| 6 | 9 | 2 | 3 | 5 | 8 | 1 | 4 | 7 |
| 1 | 5 | 6 | 2 | 4 | 7 | 3 | 8 | 9 |
| 8 | 7 | 4 | 9 | 3 | 1 | 5 | 2 | 6 |
| 2 | 3 | 9 | 5 | 8 | 6 | 4 | 7 | 1 |
| 3 | 2 | 1 | 6 | 7 | 5 | 8 | 9 | 4 |
| 4 | 6 | 5 | 8 | 9 | 2 | 7 | 1 | 3 |
| 9 | 8 | 7 | 4 | 1 | 3 | 6 | 5 | 2 |

스도쿠의 예

또한 노란색으로 표시된 3×3 모양의 정사각형 안에도 1부터 9까지의 숫자들이 각각 1번씩 들어가는 것을 알 수 있을 거예요. 이런 조건에 맞게 빈 칸에 누가 빨리 숫자들을 써넣는가를 게임으로 즐기는 것이 바로 스도쿠랍니다. 여러분도 다음 빈 칸에 빠진 숫자들을 알맞게 써넣어 보세요. 옆에 있는 친구하고 누가 빨리 하는지 해 보세요. 자~, 시작!

| | | | | | | | | |
|---|---|---|---|---|---|---|---|---|
|  | 2 |  | 1 |  | 7 |  | 8 | 9 |
| 5 | 4 | 7 |  | 8 |  |  | 2 |  |
|  |  | 9 |  | 3 | 4 | 5 |  | 7 |
|  | 1 |  | 3 | 7 | 2 | 9 | 5 |  |
|  | 3 |  |  | 1 |  |  | 7 | 4 |
| 7 | 9 | 5 |  | 6 |  |  |  | 2 |
| 2 |  |  | 8 | 9 |  | 7 |  |  |
| 9 | 5 | 4 |  |  | 1 | 6 | 3 |  |
| 8 |  |  |  | 4 | 6 |  | 9 | 1 |

어때요? 쉽지 않지만 나름대로 재미가 있었죠?

그러면 이런 스도쿠가 마방진과 어떤 관계가 있을까요? 이것을 알아보기 위해서 두 가지의 공통점을 같이 생각해 봐요.

네, 여러분의 생각이 맞습니다. 1부터 9까지의 숫자들이 가로와 세로에 각각 한 번씩 겹치지 않게 들어가야 하므로 가로와 세로의 숫자들의 합이 45로 모두 같겠죠? 이것은 마방진이 가로, 세로, 대각선의 숫자들의 합이 모두 같다는 점과 같다고 볼 수 있군요.

위와 같은 공통점을 이용해서 마방진을 쉽게 만들 수 있는 방법이 있답니다. 앞에서 내가 마방진 만드는 방법을 여러 가지 소개했고, 스도쿠를 이용한 방법은 일부러 가르쳐주지 않았는데, 이제는 말해야겠네요.

그러면 1부터 3까지의 숫자로 스도쿠를 만들어 3차 마방진을 만들어 보고, 1부터 4까지의 숫자로 4차 마방진을 만들어 볼까요?

### 스도쿠를 이용하여 3차 마방진 만들기

① 1부터 3까지의 숫자로 [그림 1]과 같은 스도쿠를 만듭니다.
이때 가로, 세로, 대각선에 있는 합이 같도록 해야 합니다.

| | | |
|---|---|---|
| 3 | 1 | 3 |
| 3 | 2 | 1 |
| 1 | 3 | 2 |

[그림 1]

② 위에서 만든 스도쿠를 왼쪽으로 90° 도 돌려 [그림 2]와 같은 새로운 스도쿠를 만듭니다.

| | | |
|---|---|---|
| 3 | 1 | 2 |
| 1 | 2 | 3 |
| 2 | 3 | 1 |

[그림 2]

③ [그림 2]의 스도쿠에서 각 칸의 수를 1씩 뺍니다.

| 2 | 0 | 1 |
|---|---|---|
| 0 | 1 | 2 |
| 1 | 2 | 0 |

[그림 3]

④ 처음 만든 [그림 1]의 스도쿠의 각 숫자와 위 ③단계에서 만든 [그림 3]의 각 숫자에 3을 곱한 수를 각각 더하면 3차 마방진이 만들어집니다.

| 2 | 1 | 3 |
|---|---|---|
| 3 | 2 | 1 |
| 1 | 3 | 2 |

[그림 1]

+

| 6 | 0 | 3 |
|---|---|---|
| 0 | 3 | 6 |
| 3 | 6 | 0 |

=

| 8 | 1 | 6 |
|---|---|---|
| 3 | 5 | 7 |
| 4 | 9 | 2 |

### 스도쿠를 이용하여 4차 마방진 만들기

① 1부터 4까지의 숫자를 가지고 [그림 1]과 같은 스도쿠를 만듭니다. 이때 가로와 세로, 대각선에 있는 합이 같도록 해야 합니다.

| 3 | 1 | 2 | 4 |
|---|---|---|---|
| 2 | 4 | 3 | 1 |
| 4 | 2 | 1 | 3 |
| 1 | 3 | 4 | 2 |

[그림 1]

② 위에서 만든 스도쿠를 왼쪽으로 90° 도 돌려 [그림 2]와 같은 새로운 스도쿠를 만듭니다.

| 4 | 1 | 3 | 2 |
|---|---|---|---|
| 2 | 3 | 1 | 4 |
| 1 | 4 | 2 | 3 |
| 3 | 2 | 4 | 1 |

[그림 2]

③ [그림 2]의 스도쿠에서 각 칸의 수를 1씩 뺍니다.

| | | | |
|---|---|---|---|
| 3 | 0 | 2 | 1 |
| 1 | 2 | 0 | 3 |
| 0 | 3 | 1 | 2 |
| 2 | 1 | 3 | 0 |

[그림 3]

④ 처음 만든 [그림 1]의 스도쿠의 각 숫자와 위 ③단계에서 만든 [그림 3]의 각 숫자에 4를 곱한 수를 각각 더하면 3차 마방진이 만들어집니다.

| | | | |
|---|---|---|---|
| 3 | 1 | 2 | 4 |
| 2 | 4 | 3 | 1 |
| 4 | 2 | 1 | 3 |
| 1 | 3 | 4 | 2 |

[그림 1]

+

| | | | |
|---|---|---|---|
| 12 | 0 | 8 | 4 |
| 4 | 8 | 0 | 12 |
| 0 | 12 | 4 | 8 |
| 8 | 4 | 12 | 0 |

=

| | | | |
|---|---|---|---|
| 15 | 1 | 10 | 8 |
| 6 | 12 | 3 | 13 |
| 4 | 14 | 5 | 11 |
| 9 | 7 | 16 | 2 |

위와 같이 스도쿠를 이용하여 마방진을 만들 수도 있는데, 이것은 가로 세로의 합이 같은 스도쿠의 성질을 이용한 거예요.

여러분이 스도쿠를 잘 이해했다면 마방진을 더 쉽게 만들 수 있겠죠?

## 제09장 핵심정리

- 스도쿠는 '숫자들이 겹치지 않아야 한다'라는 뜻의 일본어이다.

- 스도쿠는 9 × 9 모양의 정사각형에서 가로, 세로에 1부터 9까지의 숫자를 겹치지 않도록 각각 한 번씩 써 넣어야 하며, 3 × 3 모양의 작은 정사각형 안에도 1부터 9까지의 숫자가 각각 1번씩 꼭 들어가야 한다.

- 스도쿠와 마방진의 공통점은 가로와 세로에 있는 숫자들의 합이 모두 같다는 것이고, 이러한 스도쿠의 성질을 이용하여 쉽게 마방진을 만들 수 있다.

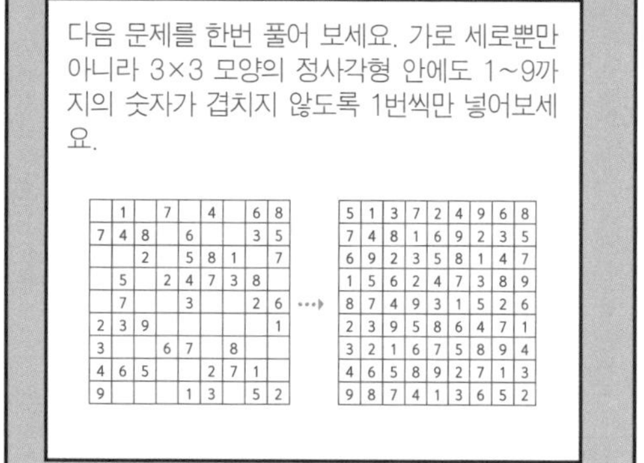

다음 문제를 한번 풀어 보세요. 가로 세로뿐만 아니라 3×3 모양의 정사각형 안에도 1~9까지의 숫자가 겹치지 않도록 1번씩만 넣어보세요.

|   | 1 |   | 7 |   | 4 |   | 6 | 8 |
|---|---|---|---|---|---|---|---|---|
| 7 | 4 | 8 |   | 6 |   |   | 3 | 5 |
|   |   | 2 |   | 5 | 8 | 1 |   | 7 |
|   | 5 |   | 2 | 4 | 7 | 3 | 8 |   |
|   | 7 |   |   | 3 |   |   | 2 | 6 |
| 2 | 3 | 9 |   |   |   |   |   | 1 |
| 3 |   |   | 6 | 7 |   | 8 |   |   |
| 4 | 6 | 5 |   |   | 2 | 7 | 1 |   |
| 9 |   |   |   | 1 | 3 |   | 5 | 2 |

→

| 5 | 1 | 3 | 7 | 2 | 4 | 9 | 6 | 8 |
|---|---|---|---|---|---|---|---|---|
| 7 | 4 | 8 | 1 | 6 | 9 | 2 | 3 | 5 |
| 6 | 9 | 2 | 3 | 5 | 8 | 1 | 4 | 7 |
| 1 | 5 | 6 | 2 | 4 | 7 | 3 | 8 | 9 |
| 8 | 7 | 4 | 9 | 3 | 1 | 5 | 2 | 6 |
| 2 | 3 | 9 | 5 | 8 | 6 | 4 | 7 | 1 |
| 3 | 2 | 1 | 6 | 7 | 5 | 8 | 9 | 4 |
| 4 | 6 | 5 | 8 | 9 | 2 | 7 | 1 | 3 |
| 9 | 8 | 7 | 4 | 1 | 3 | 6 | 5 | 2 |

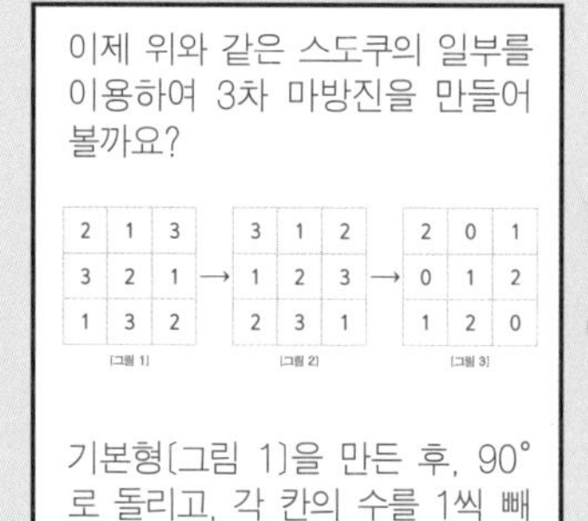

이제 위와 같은 스도쿠의 일부를 이용하여 3차 마방진을 만들어 볼까요?

| 2 | 1 | 3 |
|---|---|---|
| 3 | 2 | 1 |
| 1 | 3 | 2 |

〔그림 1〕

→

| 3 | 1 | 2 |
|---|---|---|
| 1 | 2 | 3 |
| 2 | 3 | 1 |

〔그림 2〕

→

| 2 | 0 | 1 |
|---|---|---|
| 0 | 1 | 2 |
| 1 | 2 | 0 |

〔그림 3〕

기본형〔그림 1〕을 만든 후, 90° 로 돌리고, 각 칸의 수를 1씩 빼 보세요.

마지막으로 〔그림 1〕의 스도쿠의 각 숫자와 〔그림 3〕의 각 숫자에 3을 곱한 수를 각각 더하면,

| 2 | 1 | 3 |
|---|---|---|
| 3 | 2 | 1 |
| 1 | 3 | 2 |

〔그림 1〕

+

| 6 | 0 | 3 |
|---|---|---|
| 0 | 3 | 6 |
| 3 | 6 | 0 |

=

| 8 | 1 | 6 |
|---|---|---|
| 3 | 5 | 7 |
| 4 | 9 | 2 |

새로운 마방진이 완성이 되는 거예요.

제10장

# 마방진을 변형할 수 있나요?

교과 연계

**초등 3-2** | 8단원 : 문제 푸는 방법 찾기
**중등 1** | 3단원 : 도형의 성질

학습 목표

마방진이 사각형 이외에 어떤 모양으로 변형이 가능한지를 알아본다. 사각형 이외의 마방진의 명칭과 각각의 특성에 대해서도 배워 본다. 마방진을 입체적으로 어떻게 표현할 수 있는지도 알아본다.

우정 마방진을 공부해 보니 바둑판이 눈에 아른거리는 것 같아요. 대감님! 바둑판 같은 마방진 말고 다른 모양의 마방진을 보고 싶어요.

최석정 허허허~! 이제 보니 우정이 친구가 마방진에 대해 너무 많이 알아서 슬슬 지겨워지는 것 같네요. 그런데 어쩌죠. 마방진에서 '방'자는 말뜻이 정사각형이기 때문에 마방진은 바둑판 모양밖에 없답니다.

하지만 정사각형 모양만 있다면 재미가 없겠죠? 나를 포함해서 과거에 마방진을 연구했던 많은 수학자들이 우리 우정이 친구와 같은 마음을 가지고 있었답니다. 바둑판 같은 마방진만으로는 만족을 할 수 없어 다양한 모양의 새로운 마방진을 만들었지요.

그럼 먼저 테두리 모양의 방진을 알아볼까요?

**테두리 방진**

테두리 방진은 다음 그림과 같이 원래 마방진 모양에서 가운데 부분을 뺀 후, 테두리에만 숫자들을 써 넣어 가로, 세로에 있는 숫자들의 합을 같도록 만들었지요. 아래의 테두리

방진은 1부터 10까지의 숫자를 써서 직사각형의 테두리에 있는 가로, 세로의 수들의 합이 모두 18이 되도록 배열한 거예요.

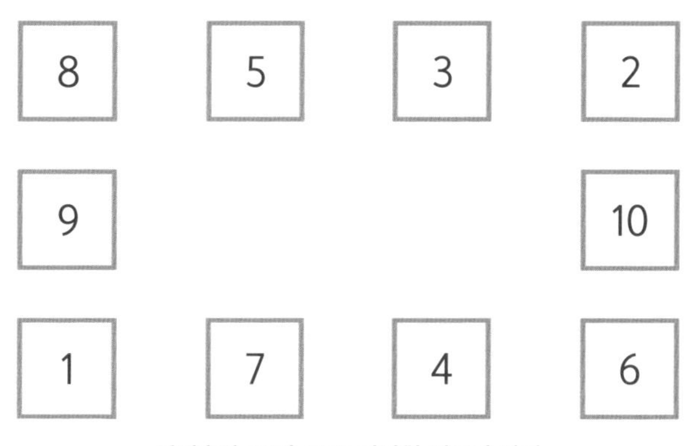


마법수가 18인 4×3 장방형 테두리 방진

위와 같은 테두리 방진은 어떻게 만들 수 있을까요?

1부터 10까지의 수를 넣어 $4 \times 3$ 장방형의 테두리 방진을 만들 때 가운데에 있는 두 칸의 수는 가급적 큰 수를, 그리고 두 수의 합은 항상 홀수가 되어야 해요.

왜냐하면 $1 + 2 + \sim + 9 + 10 = 55$이므로 두 수의 합이 짝수가 되면 위와 아래에 있는 줄의 수의 합이 홀수가 되어 같을 수 없기 때문이지요.

가운데 두 수를 써 넣은 후, 1부터 10까지의 합인 55를 가운데 두 수의 합으로 빼요. 가운데 있는 두 칸을 제외한 나머지 위 가로줄에 있는 4개의 수의 합과 아래 가로줄에 있는 4개의 수의 합은 같아야 하므로 다시 그 답을 2로 나누면 바로 마법수가 되지요.

따라서 $4 \times 3$ 장방형의 테두리 방진에서 나올 수 있는 각 변에 있는 수의 합의 최소값은 $(55 - 19) \div 2 = 18$이고, 최대값은 가운데 두 수의 합이 15보다 작을 때는 나머지 수로 같은 합을 이룰 수 없으므로 $(55 - 15) \div 2 = 20$이에요. 그래서 $4 \times 3$ 장방형의 테두리 방진에서 나올 수 있는 마법수는 18, 19, 20뿐이에요.

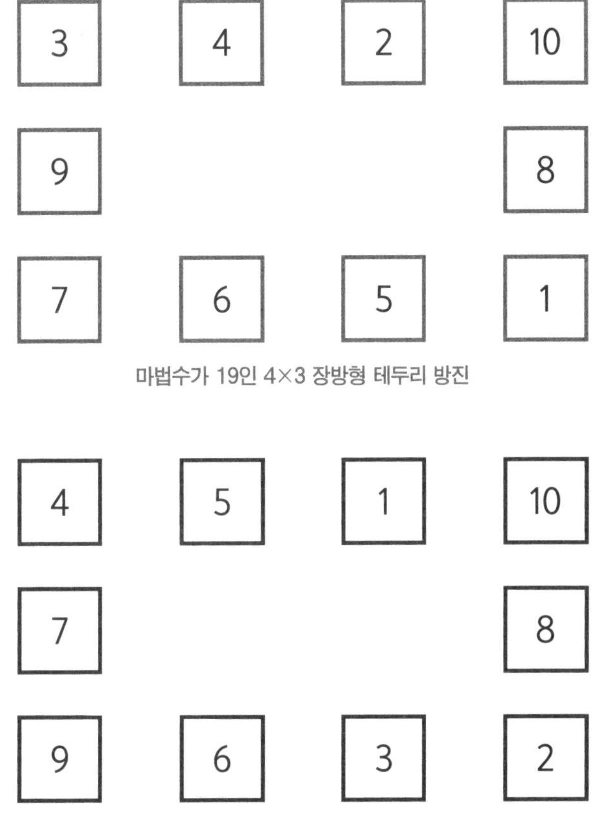


마법수가 19인 4×3 장방형 테두리 방진

마법수가 20인 4×3 장방형 테두리 방진

**사변진**

테두리 방진과 비슷한 모양으로 직사각형의 4개의 변에 1개씩의 숫자를 써 넣은 후, 4개의 숫자들의 합을 같게 만든 거예요. 이러한 사변진에서 마법수를 구하는 방법을 알아보면, 1부터 $n$까지 숫자를 사용할 때 마법수는 $2 \times (1+n)$이 된답니다.

사변진에 만약 1부터 7까지의 숫자를 써 넣는다면 마법수는 $2 \times (1+7) = 16$이 되어 다음 그림과 같이 완성할 수 있지요.

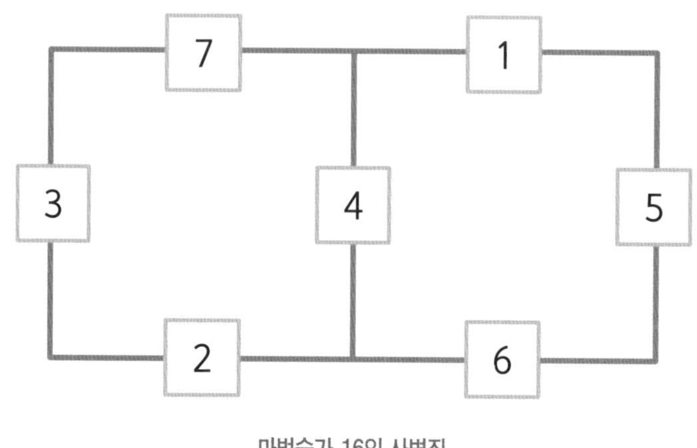


마법수가 16인 사변진

자, 위에서 본 테두리 방진과 사변진은 원래 마방진과 같은 사각형 모양을 하고 있지만 약간씩 다른 면들이 있다는 것을 알았을 거예요. 그렇다면 이번에는 사각형 모양이 아닌 다른 모양들을 알아볼까요?

**삼각진**

삼각진은 이름처럼 삼각형 모양이에요. 삼각형의 3개의 꼭짓점과 각 변에 있는 3개의 숫자들의 합을 같게 만들었지요. 1부터 6까지의 숫자로 다음 삼각진을 만들 수 있답니다.

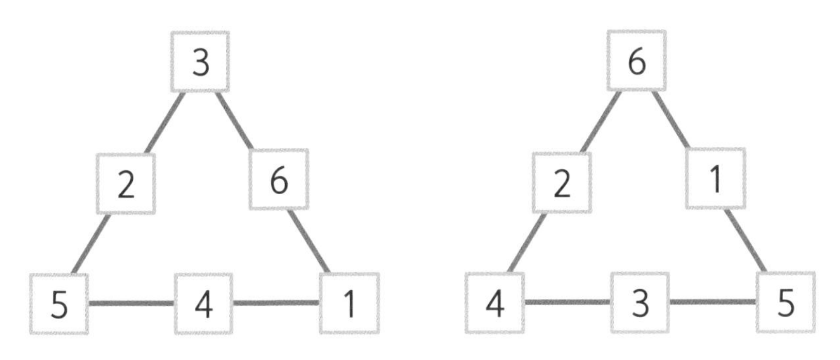


1부터 6까지의 숫자를 이용하여 만든 삼각진

또 다음 그림과 같이 한 개의 숫자를 추가해 삼각형의 각 변에 있는 4개의 숫자들의 합이 같게 만들 수도 있답니다. 이와 같이 삼각형의 각 변에 있는 수들의 수를 변화시킴으로써 삼각진의 모양과 종류도 다양하게 만들 수 있다는 것을 알 수 있겠죠?

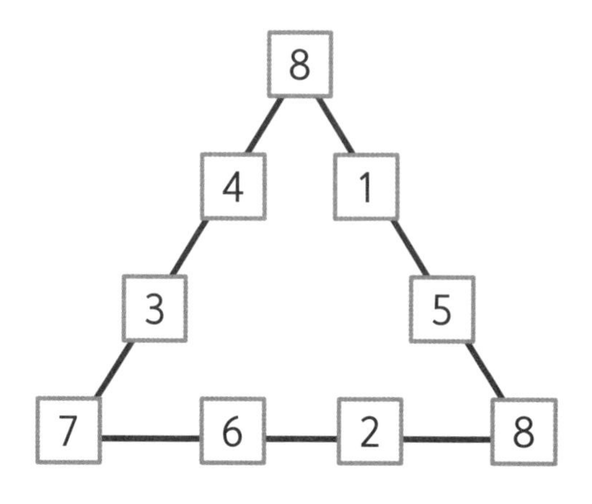

삼각형의 각 변에 숫자 1개씩을 추가해서 만든 삼각진

### 원형진

원형진은 마방진을 원 모양으로 변형시킨 것을 말해요. 원형진의 종류는 2가지가 있는데, 첫 번째는 다음과 같아요.

먼저 원 3개를 서로 겹치게 그려 보면, 원들이 만나는 점들은 각각 한 원에 4개씩 생겨요. 바로 이 원과 원이 만나는 점에 숫자를 써 넣어 그 합이 같도록 만들 수 있지요.

다음 그림은 1부터 6까지의 수를 써 넣어 원과 원이 만나는 점에 있는 4개의 숫자들의 합이 $(1+4+6+3)=(1+5+6+2)=(2+6+5+1)=14$로 모두 같게 만든 거예요.

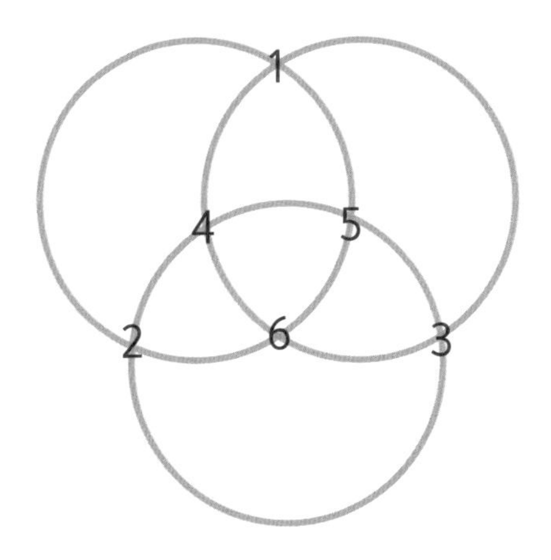


원과 원이 만나는 점에 숫자를 써 넣어 만든 원형진

두 번째는 다음과 같아요.

위와 똑같이 원 3개를 서로 겹치게 그렸을 때, 각각의 원은 서로 4개의 부분으로 나뉘게 돼요. 원과 원이 만나 나뉜 4개의 부분에 각각 숫자들을 써 넣어, 한 원 안에 있는 4개의 숫자들의 합이 모두 같게 만들 수 있어요.

다음 그림은 1부터 7까지의 숫자를 써 넣으면 한 원에 있는 4개의 숫자들의 합이 $(6+1+4+3)=(1+7+4+2)=(3+4+2+5)=14$로 모두 같아졌어요.

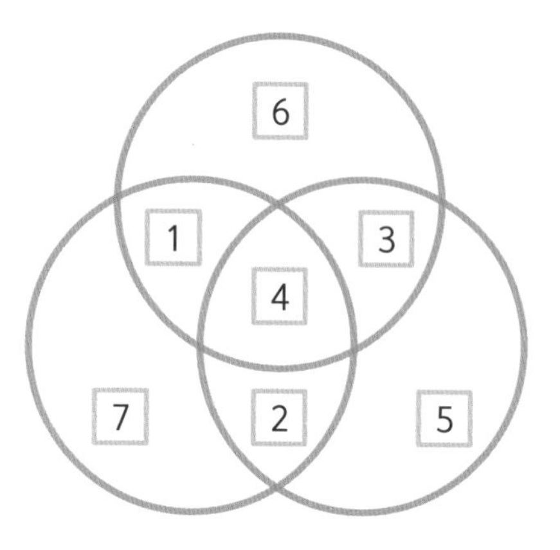


원과 원이 만나 나뉜 부분에 숫자를 써 넣어 만든 원형진

우정 와! 마방진은 테두리, 삼각형, 원 모양 등 정말 다양한 모양으로 변형될 수 있군요. 대감님! 마방진은 알면 알수록 정말로 신기한 것 같아요. 그런데 삼각형이나 사각형, 원 모양은 평면적인 모양인데요. 혹시 평면이 아닌 다른 모양으로도 변형이 가능한가요?

최석정 우리 우정이 친구는 정말로 호기심이 많은 것 같군요. 호기심이 많다는 것은 새로운 것을 찾아낼 수 있는 능력을 가지고 있다는 것인데 역시 요즘 어린이들은 참 똑똑해요. 맞아요, 우정이 친구가 생각하는 대로 마방진은 평면적인 모양뿐만 아니라 다른 모양으로도 변형이 가능하답니다. 평면이 아닌 다른 모양이라면 어떤 것들이 있을까요? 그렇지요, 입체 도형이 있어요. 즉 마방진을 입체 도형으로도 만들 수 있답니다. 정말이지 신기하지 않나요?

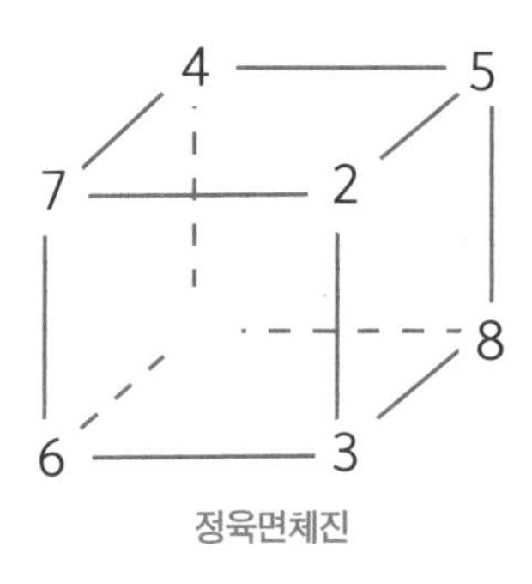


정육면체진

자, 그럼 마방진이 어떤 입체 도형으로 가능한지 볼까요?

다음 그림은 정사각형 6개로 둘러싸인 입체 도형 정육면체예요. 이 입체 도형의 각 꼭짓점에 한 개의 숫자들을 써 넣었을 때, 한 면에 있는 4개의 수의 합이 모두 같아지는 것을 정육면체진이라고 해요. 앞의 그림은 1부터 8까지의 숫자를 가지고 각 면에 있는 4개의 숫자들의 합이 모두 18이 되도록 만든 정육면체진이지요.

앞 페이지와 같이 입체 도형을 이용한 입체진은 평면 도형에 익숙해져 왔던 그동안의 마방진에서 벗어나서 더 다양하고 복잡하며 창의적인 마방진의 새로운 형태입니다. 이것은 매우 중요한 변화라고 볼 수 있어요.

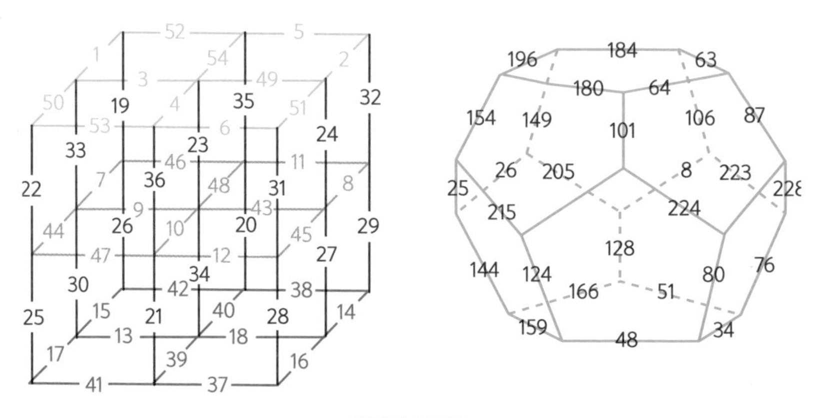


다양한 입체진

이러한 입체진의 해법은 평범한 마방진을 풀어 가는 과정보다 훨씬 더 복잡하고 어려워서 우리 어린이 친구들이 이해하기에는 힘이 들 거예요. 하지만 여러분은 이제 마방진이 이렇게 다양하게 변화할 수 있는 신비로운 것이라는 것을 확실히 알 수 있겠지요?

어린이 여러분도 마방진에 대해 열심히 공부하면 입체진과 같은 창의적이고 독창적인 새로운 마방진을 충분히 만들 수 있을 거예요. 충분히 그럴 수 있겠죠?

## 제10장 핵심정리

- 마방진은 사각형 모양뿐만 아니라 다양한 모양으로 변형시킬 수 있다.
- 테두리 방진은 정사각형 모양의 마방진에서 가운데를 뺀 테두리에만 숫자를 써 넣어 가로와 세로줄에 있는 숫자들의 합이 같아지게 만든 방진이다.
- 사변진은 직사각형의 4변에 각각 숫자들을 써 넣은 후, 한 직사각형에 있는 4개의 숫자들의 합이 같아지게 만든 방진이다.
- 삼각진은 삼각형의 3 꼭짓점과 각 변에 숫자들을 써 넣어 한 모서리에 있는 숫자들의 합이 같아지게 만든 방진이다.
- 원형진은 원 모양의 마방진으로 원과 원이 만나는 점에 숫자들을 써 넣은 마방진이다.
- 마방진은 삼각형, 사각형, 원 모양 등의 평면적인 모양뿐만 아니라 입체 도형으로도 변형할 수 있는데 이것을 입체진이라고 한다.

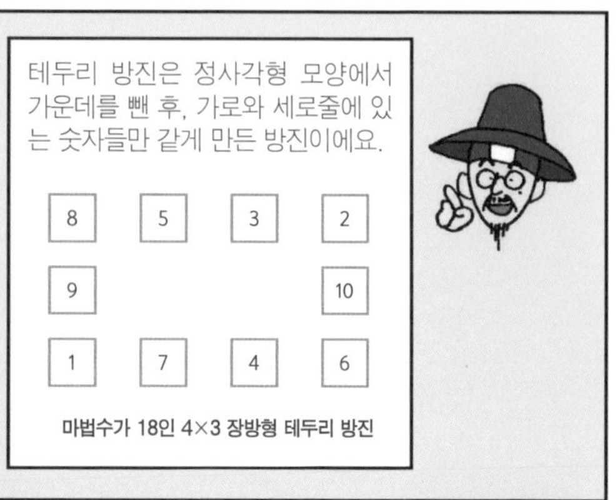


마법수가 18인 4×3 장방형 테두리 방진

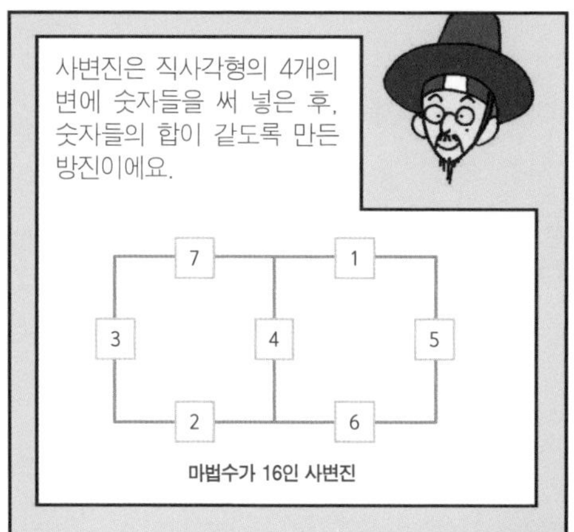


마법수가 16인 사변진

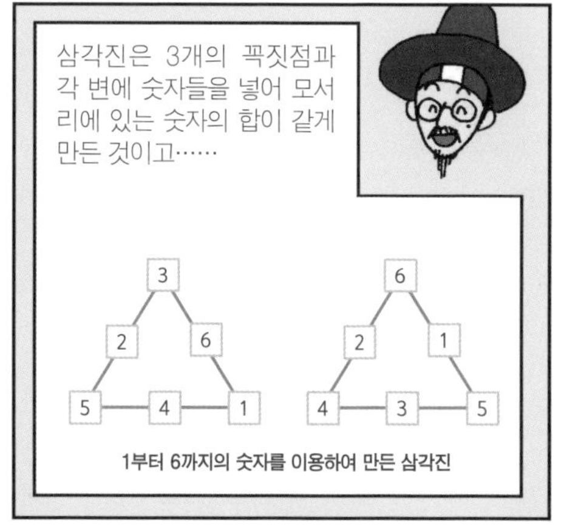


1부터 6까지의 숫자를 이용하여 만든 삼각진

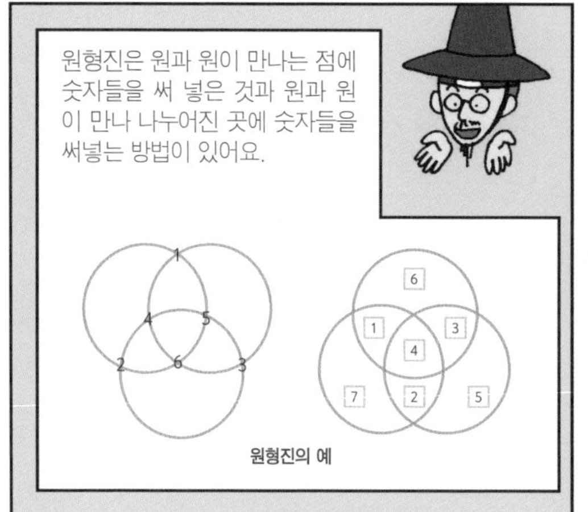


원형진의 예

제11장

# 《구수략》 속에는 어떤 마방진이 숨어 있을까요?

교과 연계

**초등 3-2** | 8단원 : 문제 푸는 방법 찾기

학습 목표

《구수략》은 어떤 책이며 '지수귀문도'는 무엇인지 배워 본다. 《구수략》에 실린 대표적인 마방진은 어떤 것이 있으며 각각의 특징에 대해서도 알아본다. 최석정이 만든 마방진은 어떤 의미가 담겨 있는가도 알아본다.

**우정** 마방진이 이렇게까지 다양하게 변화될 수 있다니 정말 놀라울 뿐이네요. 그러고 보니 최석정 대감님이 쓰신 《구수략》에는 그 누구도 생각하지 못한 독창적이고 우수한 마방진이 있다고 들었는데요. 대감님! 대감님이 만드신 마방진에 대해 알려 주세요.

**최석정** 하하하~! 나에 대해 너무 많은 것을 알고 있는 것 같군요. 맞아요. 우정이 친구의 말처럼 나는 평생 마방진을 연구하면서 얻은 결과를 《구수략》이라는 책으로 펴냈지요. 그 속에는 그동안 동서양에서 풀어 왔던 3차, 4차 마방진의 해법과 나만의 새로운 마방진을 소개했답니다. 음, 어떤 것을 먼저 이야기해야 할지 모르겠네요. 3차, 4차와 같은 마방진은 앞에서도 충분히 알아보았으니, 내가 만든 '지수귀문도'라는 마방진을 소개할게요.

내가 지수귀문도를 만들게 된 계기는 여러분도 이미 알고 있듯이 마방진이 처음 소개되었던 거북 등에 있는 3차 마방진이었어요. 나는 사각형 모양의 마방진을 어떻게 하면 새롭게 변형시킬 수 있을까 하는 고민에 빠져 있다가 거북 등 모

양이 6각형이라는 것에 관심을 가졌고, 나만의 새로운 6각형 모양의 지수귀문도를 만들게 되었답니다. 이 지수귀문도를 이해하려면 먼저 6각형 모양의 육각진에 대해 알아야 해요.

육각진은 사각형 모양의 마방진을 육각형으로 변형시킨 것으로 육각형의 6개의 꼭짓점에 각각 숫자들을 써 넣은 후, 한 육각형 안에 있는 6개의 숫자들의 합을 갖게 만든 거예요. 다음 그림은 1에서 10까지의 숫자를 이용하여 마법수가 $(4+7+6+10+5+1)=(2+6+9+5+8+3)=33$ 이 되는 육각진이지요.

지수귀문도는 바로 위와 같은 육각진을 기초로 만든 거예요. 육각형을 벌집 모양으로 이어붙여 하나의 육각형 안에 있는 6개의 숫자들의 합이 같도록 만들었지요.

아래 그림과 같이 1부터 30까지의 숫자들을 사용하여 한 개의 육각형에 있는 숫자들의 합이 모두 93이 되도록 배열했답니다.

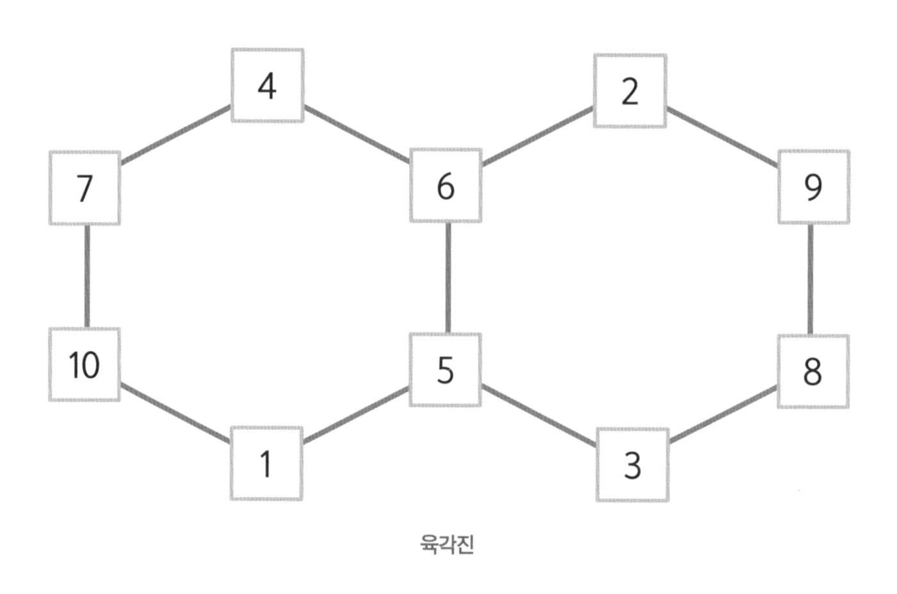


육각진

어때요? 참 멋있지 않나요?

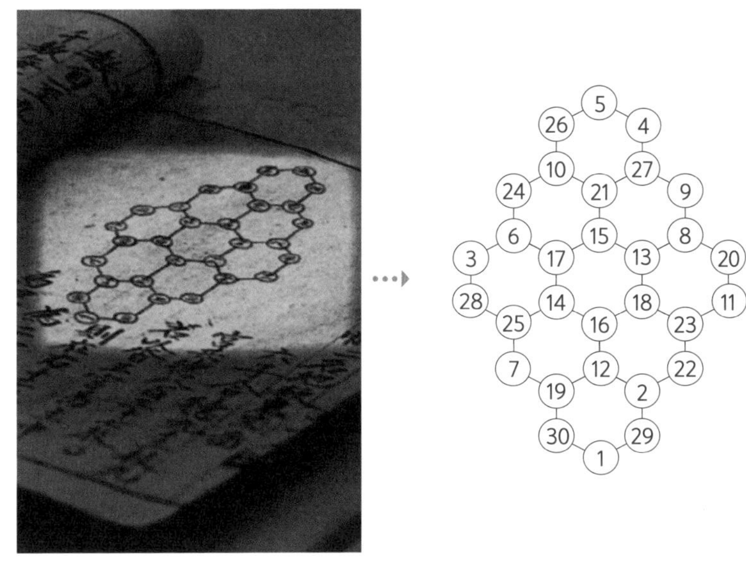


《구수략》에 소개된 지수귀문도

우정 와! 정말 멋진 마방진을 만드셨네요. 정말이지 대감님이 우리 조상님이시라는 것이 자랑스러워요. 그런데 대감님, 왜! 마법수를 93으로 만드셨죠? 다른 수로도 가능한가요? 정말 궁금해요.

최석정 우리 우정이 친구의 관찰력은 대단하네요. 그리고 지수귀문도에 대해 그렇게 칭찬해 주니 정말 고마워요. 여러분은 벌집이 어떤 모양인지 알고 있나요? 네, 맞아요. 바로 육각형이에요. 지수귀문도는 육각형 모양의 벌집을 본떠서 만들었답니다. 그런데 이 지수귀문도를 연구하다 보면 1부터 30까지의 숫자들을 사용하여 만들 수 있는 마법수는 90, 92, 93으로 단 3가지뿐이에요. 내가 이 3가지 마법수 중 93을 선택한 이유는 바로 안정성 때문이죠.

앞서 이야기했듯이 벌들이 벌집을 육각형으로 만드는 이유는 육각형의 구조물이 가장 안정된 형태를 유지할 수 있기 때문이랍니다. 같은 이유로 내가 지수귀문도의 마법수를 93으로 선택한 것도 마법수를 90이나 92로 했을 때보다 숫자들의 배열이 더욱 안정된 모습을 보였기 때문이죠.

이렇게 만든 지수귀문도는 동서양 그 어느 나라에서 만든 마방진보다 더 독창적이고 신비스럽다는 평가를 받아요. 어때요? 여러분도 지수귀문도를 보고 내 독창적인 생각을 엿볼 수 있나요?

우정 아~, 지수귀문도가 벌집 모양을 본떠서 만들었기 때문에 마방수 또한 가장 안정된 배열이 가능한 93을 선택하셨군요. 정말이지 대단하세요. 분명 다른 마방진도 많이 만드셨을 것 같은데, 지수귀문도 말고 다른 것들에 대해서도 이야기해 주세요.

최석정 그래요. 우정이 친구 말대로 나는 평생 마방진에 대해 연구한 결과를 모아 《구수략》이라는 책을 쓰지요. 이 책 속에는 기본적인 마방진 외에 총 19가지의 다양한 마방진이 있답니다. 가장 유명하고 독특한 것이 앞서 이야기했던 지수귀문도인데 이외에도 정말 재미있고 신기한 마방진이 많이 있어요. 19가지 모두 소개하기는 어렵고 그중에서 몇 가지만 소개할게요.

먼저 방사형진이 있는데 이것은 중앙에 있는 수를 기준으로 십자가형으로 수들을 배열한 겁니다. 이러한 방사형진은 중국 송나라 때 양휘라는 수학자가 쓴 《양휘산법》에서 처음으로 소개되었어요. 다음 그림과 같이 중앙에 있는 숫자 9를 포함하면서 원주상으로나 방사성으로나 9개의 숫자의 합이

147이 되는 원형 배열 형태를 찾아볼 수 있을 거예요.

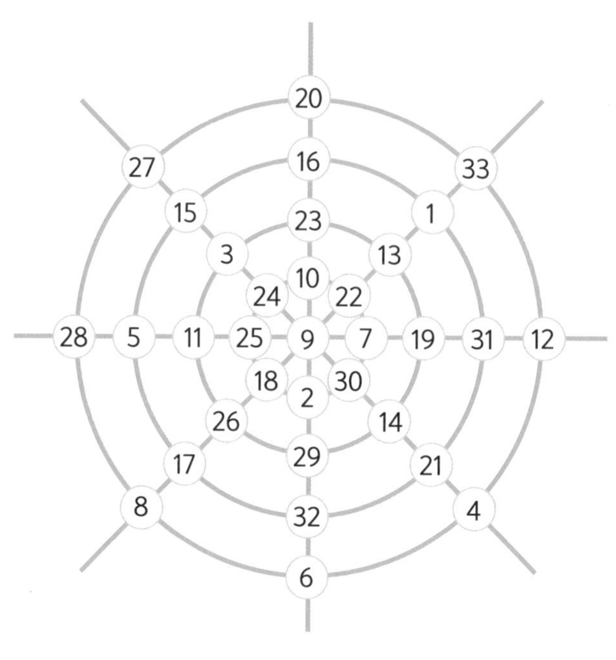


《양휘산법》에 소개된 방사형진

위의 방사형진을 연구해서 나는 다양하고 새로운 형태의 방사형진을 만들 수가 있었답니다.

다음 그림들은 내가 만들어 낸 방사형진이에요. 각 그림 속에 숨어 있는 숫자들의 배열의 비밀을 한번 찾아보세요.

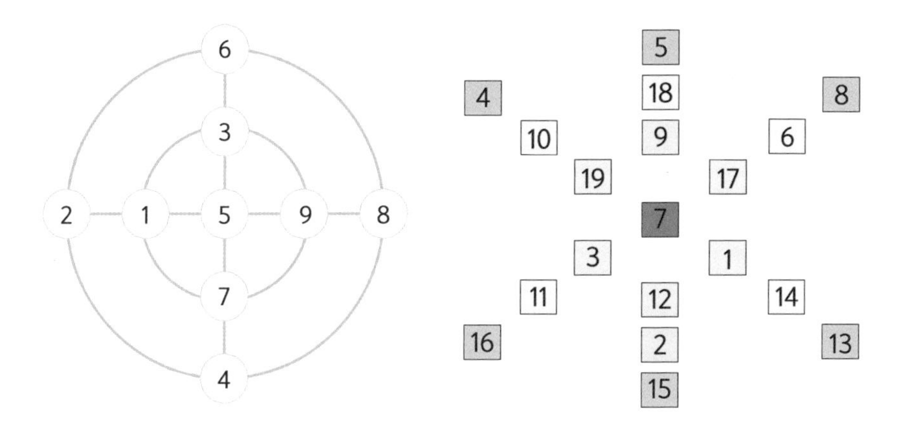


《구수략》에 나오는 방사형진

어때요? 찾았나요? 우정이 친구처럼 똑똑한 어린이라면 쉽게 찾을 수 있을 거예요. 네, 바로 중앙에 있는 수를 포함에서 일직선에 놓인 수들의 합을 모두 같게 만든 거예요. 왼쪽에 있는 방사형진은 중앙에 있는 5를 포함해서 한 직선에 있는 수들의 합이 모두 25가 되고, 오른쪽에 있는 방사형진은 중앙에 있는 7을 포함해서 한 직선에 있는 수들의 합이 모두 68이 됨을 알 수 있을 거예요.

자, 그러면 이것으로 위에 있는 방사형진의 비밀을 모두 찾았을까요? 물론 아니죠. 한 가지가 더 숨어 있어요. 네! 바로 중앙에 있는 수를 중심으로 각각 원 모양으로 배열되어 있는 같은 색깔의 숫자들이 보이죠? 각각의 원을 만들고 있는 숫자들과 중앙에 있는 숫자들을 더해 보면 그 합도 신기하게 모두 똑같답니다. 정말이지 신기하지 않나요?

다음으로 소개할 마방진은 사각진이에요. 앞에서 이미 이야기했으니까 사각진에 대해서는 충분히 이해했지요? 아래 그림이 바로 내가 만든 사각진이랍니다.

이 사각진에는 어떤 비밀이 숨어 있을까요? 함께 찾아보죠.

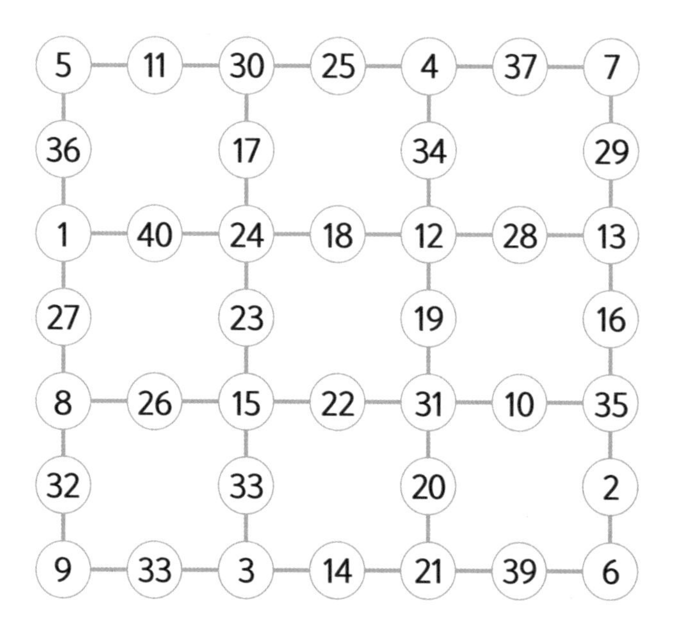


《구수략》에 나오는 사각진

맞아요. 한 작은 사각형에 있는 4개의 꼭짓점과 4개의 변에 있는 8개의 숫자들의 합이 모두 164를 갖게 만든 마방진이에요. 이제 우리 어린이 친구들도 쉽게 찾을 수 있겠죠?

그러면 다음과 같은 모양의 마방진은 어떨까요?

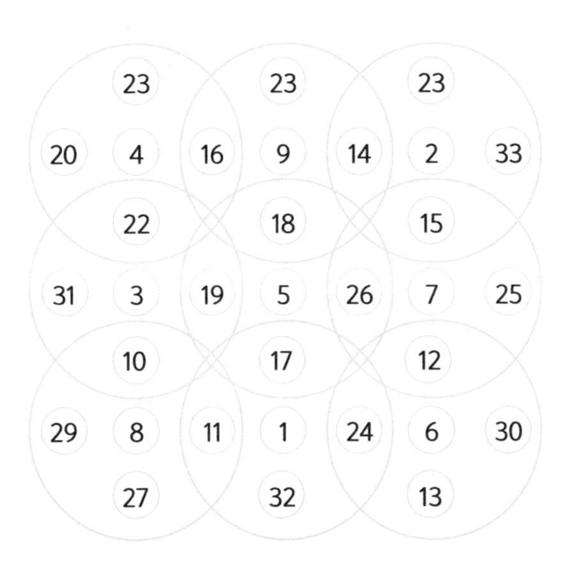


《구수략》에 나오는 구문면 마방진

위 마방진은 《구수략》에 나오는 구문면이라는 마방진이에요. 구문면이라는 뜻은 거북이의 등과 같다고 해서 붙인 이름인데, 어때요? 거북이 등과 같지 않나요? 이 구문면 마방진에서 찾을 수 있는 수의 배열은 어떤 것인가요?

그렇죠. 1부터 33까지의 숫자들을 이용해서 한 원에 있는 5개의 숫자들의 합이 모두 85가 되게 만들었답니다.

다음으로 복합진이라는 것을 소개하죠. 복합진은 두 개 이상의 마방진을 섞어서 만든 새로운 마방진이에요.

나는 이런 복합진을 '정전도'라고 이름 붙였어요. 다음 그림은 마법수가 164가 되는 5−8 정전도예요.

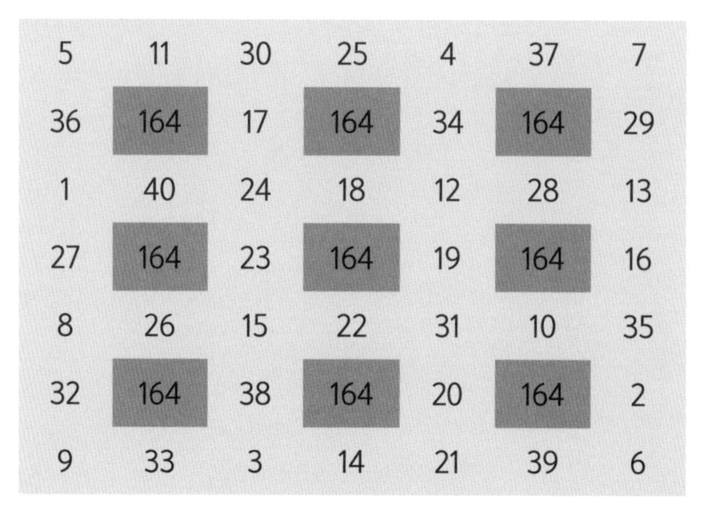

| 5 | 11 | 30 | 25 | 4 | 37 | 7 |
|---|---|---|---|---|---|---|
| 36 | 164 | 17 | 164 | 34 | 164 | 29 |
| 1 | 40 | 24 | 18 | 12 | 28 | 13 |
| 27 | 164 | 23 | 164 | 19 | 164 | 16 |
| 8 | 26 | 15 | 22 | 31 | 10 | 35 |
| 32 | 164 | 38 | 164 | 20 | 164 | 2 |
| 9 | 33 | 3 | 14 | 21 | 39 | 6 |

《구수략》에 나오는 5-8 정전도

또한 다음 그림은 8각형의 8개의 꼭짓점에 있는 수들과 중앙에 있는 수의 합이 모두 369가 되도록 만든 방진과 팔각진의 복합진이에요.

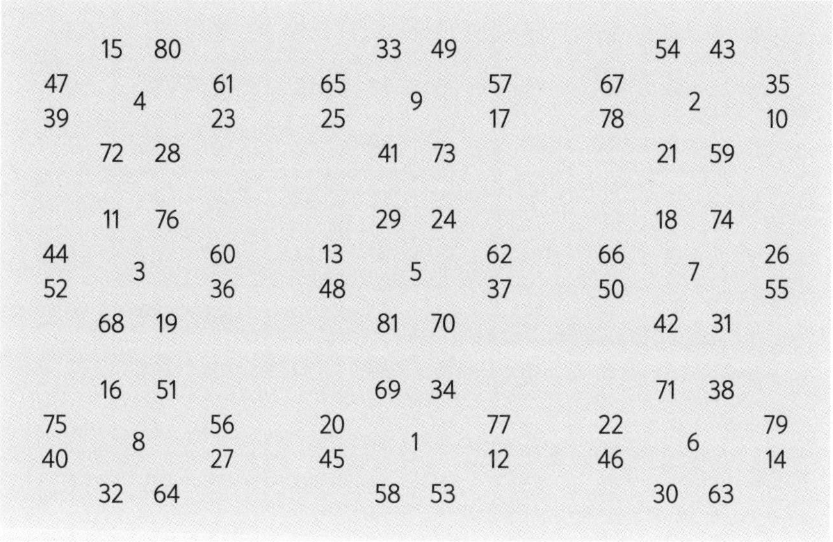

| | | | | | | | | | | | | | | |
|---|---|---|---|---|---|---|---|---|---|---|---|---|---|---|
| | 15 | | 80 | | | 33 | | 49 | | | 54 | | 43 | |
| 47 | | | | 61 | 65 | | | | 57 | 67 | | | | 35 |
| | | 4 | | | | | 9 | | | | | 2 | | |
| 39 | | | | 23 | 25 | | | | 17 | 78 | | | | 10 |
| | 72 | | 28 | | | 41 | | 73 | | | 21 | | 59 | |
| | 11 | | 76 | | | 29 | | 24 | | | 18 | | 74 | |
| 44 | | | | 60 | 13 | | | | 62 | 66 | | | | 26 |
| | | 3 | | | | | 5 | | | | | 7 | | |
| 52 | | | | 36 | 48 | | | | 37 | 50 | | | | 55 |
| | 68 | | 19 | | | 81 | | 70 | | | 42 | | 31 | |
| | 16 | | 51 | | | 69 | | 34 | | | 71 | | 38 | |
| 75 | | | | 56 | 20 | | | | 77 | 22 | | | | 79 |
| | | 8 | | | | | 1 | | | | | 6 | | |
| 40 | | | | 27 | 45 | | | | 12 | 46 | | | | 14 |
| | 32 | | 64 | | | 58 | | 53 | | | 30 | | 63 | |

《구수략》에 나오는 9-9 정전도

마지막으로 내가 만든 9차 마방진을 소개할게요. 많은 사람들이 3차, 5차, 7차, 9차와 같은 홀수 마방진과 2차, 4차, 6차와 같은 짝수 마방진에 대한 해법을 다양하게 제시했잖아요? 그러나 《구수략》에서 내가 소개한 10차까지의 마방진의 풀이는 더 독창적이고 새로운 방법이라고 말하고 싶어요. 허험~ 이거 또 내 자랑이 되었네요.

어쨌든 9차 마방진을 만들기 위해서 1부터 81까지의 숫자를 이용했고, 마법수는 $\frac{9(9^2+1)}{2}=369$가 되어야 해요. 내

|  | 1열 | 2열 | 3열 | 4열 | 5열 | 6열 | 7열 | 8열 | 9열 |
|---|---|---|---|---|---|---|---|---|---|
| 1행 | Ⓐ 50 | 16 | 55 | Ⓓ 70 | 5 | 48 | Ⓖ 3 | 76 | 44 |
| 2행 | 66 | 31 | 26 | 20 | 81 | 13 | 63 | 11 | 60 |
| 3행 | 7 | 74 | 42 | 24 | 37 | 62 | 68 | 36 | 19 |
| 4행 | Ⓑ 54 | 67 | 2 | Ⓔ 65 | 25 | 33 | Ⓗ 28 | 23 | 72 |
| 5행 | 59 | 21 | 43 | 9 | 41 | 73 | 15 | 61 | 49 |
| 6행 | 10 | 35 | 78 | 42 | 57 | 17 | 80 | 39 | 4 |
| 7행 | Ⓒ 79 | 6 | 38 | Ⓕ 20 | 69 | 34 | Ⓘ 32 | 64 | 27 |
| 8행 | 30 | 71 | 22 | 45 | 1 | 77 | 16 | 51 | 56 |
| 9행 | 14 | 46 | 63 | 58 | 53 | 12 | 75 | 8 | 40 |

구수략에 나오는 9차 마방진

가 만든 9차 마방진의 가로와 세로, 대각선에 있는 9개의 숫자들의 합은 모두 369가 될 뿐만 아니라 9×9 마방진을 9개의 3×3 마방진으로 나누었을 때 각 줄의 합이 123인 작은 3차 마방진을 만들 수 있답니다.

또한 이 9개의 3차 마방진에 있는 9개의 숫자들을 모두 합하면 역시 369가 되는 절묘한 숫자들의 배열을 찾을 수 있답니다.

이 마방진을 만들 때 라틴 마방진 2개를 이용해 보았는데요. 앞에서 말했던 스도쿠를 이용한 방법 기억나죠? 네, 바로 그런 방법으로 9차 마방진을 만들었답니다.

지금까지 《구수략》에 나오는 몇 가지 마방진을 소개했는데, 어땠나요? 물론 《양휘산법》과 같은 중국 수학책으로 공부한 다음 마방진을 만들었지만, 내가 만든 마방진 속에는 좀 더 특별한 의미가 있다는 것을 어린이 여러분께 꼭 알려주고 싶어요. 그것은 바로 철학적인 이치를 깨달을 수 있다는 거예요.

나는 수학뿐만 아니라 주역 철학도 많이 연구했답니다. 주역 철학이라고 하니 아마 처음 듣는 친구들도 많을 텐데, 쉽게 말하면 생년월일과 태어난 시를 가지고 점을 보고, 새해가 되면 그 해의 운을 보는 토정비결과 같은 인생에 대해 연구하는 학문이에요.

이런 주역 철학과 수학에 대해 깊은 공부를 하다 보니 그 속에서 하나의 진리를 깨달을 수 있었답니다. 특히, 마방진에 나오는 수들의 오묘하고 신비한 법칙 속에서 우리가 살고 있는 세상과 우주가 돌아가는 원리도 일정한 법칙이 있다는 것을 알게 되었어요.

그래서 내가 만든 마방진에는 이런 철학적 생각이 담겨 있고, 중국이나 서양에서 만든 마방진과는 다른 우리나라만의 독특한 아이디어가 나타나 있다고 자랑하고 싶군요. 여러분도 이런 뜻을 잘 이해하고 자부심을 가졌으면 해요. 그리고 얼마든지 나보다 더 뛰어난 생각으로 새로운 마방진을 만들어 낼 수 있을 거예요. 그렇죠?

## 제11장 핵심정리

- 《구수략》은 최석정 대감이 평생 연구한 마방진의 결과를 모아 쓴 책이다. 여기에는 총 20여 가지의 마방진이 있다.

- 지수귀문도는 거북이 등 모양을 본떠서 만든 육각진을 벌집 모양으로 연결한 것이다. 1부터 30까지의 수를 사용하여 한 육각형에 있는 6개의 숫자들의 합이 93이 되도록 만든 독창적인 마방진의 한 형태이다.

- 《구수략》에는 지수귀문도 외에 다양한 마방진의 형태가 있다. 중앙에 있는 숫자들을 포함하여 일직선상에 있는 숫자들의 합과 원을 이루고 있는 숫자들의 합이 모두 같은 방사형진과 사각형의 꼭짓점과 각 변에 있는 숫자들의 합이 모두 같은 사각진, 그리고 최석정 대감이 독특한 방법으로 만들어 낸 9차 마방진 등이 있다.

- 최석정이 만든 9차 마방진은 중국과 서양의 다른 9차 마방진의 풀이와 다른 독창성을 엿볼 수 있다.

대감님도 정말
신기하고 대단한
마방진을 많이 만드
셨다는데, 어떤 것이
있나요?
물론,
나도 많은 마방진을
만들었지.
내가 만든 마방진은
《구수략》이란 책을
보면 된단다.

가장 먼저
지수귀문도를 소개하지.
짜잔~.
지수귀문도

우와~
지수귀문도는 정말
특이하게 생겼네요.
그런데 무슨 모양과
비슷한데……
그래. 맞아.
벌집 모양과 비슷하지.
잘 보면 6각형으로
만든 육각진을 모아서
만든 것을
알 수 있단다.

그런데 왜
벌집 모양과
비슷하게
만드셨어요?
가장
안정적인 형태의
마방진을 만들고
싶었거든.

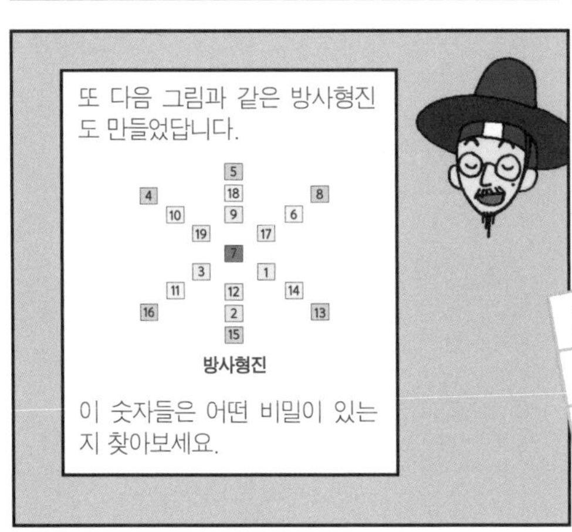
또 다음 그림과 같은 방사형진
도 만들었답니다.
방사형진
이 숫자들은 어떤 비밀이 있는
지 찾아보세요.

나는 이처럼 다양한
마방진을 통해서 인생의 의미와
진리를 찾고자 했단다.
왜냐하면 마방진 속에는 질서가
숨겨져 있기 때문이지.

제12장

# 마방진은 생활 속에서 어떻게 활용되었을까요?

**교과 연계**

- 생활 속에서 마방진의 활용
- 마방진을 이용한 게임하기

**학습 목표**

동양에서는 숫자를 어떻게 여겼으며 이러한 생각들이 어디에서 기원했는지 알아본다. 마방진이 생활 속에서 어떻게 활용되었는지, 최석정이 마방진을 통해 깨닫고자 한 것은 무엇이었는지 배워 본다. 마방진을 이용한 게임 Tic-Tac-Toe게임도 익혀 보는 시간을 갖는다.

우정 지금까지 마방진에 대해 정말 많은 것을 배운 것 같아요. 그리고 다시 한 번 대감님이 정말 대단하신 분이라는 생각이 드네요. 저도 이젠 대감님처럼 마방진의 박사가 된 기분이에요. 히히~. 그런데 이렇게 오랜 역사와 신비한 매력을 가진 마방진이 단지 심심풀이 수학 퍼즐로만 생각되지는 않았을 것 같은데, 사람들은 이런 마방진을 어떻게 생각했나요? 그리고 생활 속에서 어떻게 활용되었는지 궁금해요.

최석정 그래요. 물론 가장 관심을 가졌던 사람들은 나와 같은 수학자들이었겠지만 마방진은 그 오랜 역사만큼이나 사람들에게 많은 의미로 활용되어 왔답니다. 마방진이 오랜 세월 동안 많은 사람들에게 관심을 받아왔던 가장 큰 이유는 그 속에 숨겨져 있는 신비한 마법과 같은 수의 배열 때문이었죠. 그럼 다시 역사를 거슬러 올라가 마방진이 생활 속에서 어떻게 활용되었는지 알아볼까요?

아주 옛날부터 숫자는 동양에서 세상의 진리에 이르는 길로, 서양에서는 아름다움의 상징으로 여겨져 왔어요. 수에는 우리가 알지 못하는 신비한 규칙성과 조화로움이 숨겨져 있다는 것을 믿었기 때문이죠. 따라서 이러한 수들을 배열하여 만든 마방진에 대한 사람들의 생각은 당연히 특별했습니다.

마방진 중에서 가장 많은 사랑을 받아온 것이 바로 3차 마방진이에요. 고대에는 현재와 같이 다양한 형태의 마방진이 없었고, 3차 마방진은 쉽게 사람들에게 다가갈 수 있는 9개의 숫자로 되어 있기 때문이랍니다.

마방진은 특히 이슬람 문화권에서 많은 사랑을 받았어요. 이들은 마방진이 일찍이 아담에게 계시되었던 아홉 문자, 즉 고대 셈어의 어순에 나타나는 최초의 알파벳 아홉 자를 담고

있다고 믿었어요. 각 모서리들에 위치한 짝수들을 이에 맞는 문자로 바꿔 읽으면 buduh라는 단어가 나와요. 이 단어는 신의 이름으로 불리는데, 건물을 보호하기 위해 벽에 붙이는 일종의 부적과 같은 역할을 했다고 해요. 그리고 중앙에 5를 놓고, 둘레에 있는 수들의 배치를 바꾸는데, 이렇게 변형된 마방진들은 우주를 이루는 4개의 기본 원소로 나타냈어요. 가장 먼저 만들어진 마방진은 불을 상징하고, 어떤 형태는 물을, 또 어떤 형태는 흙을 나타냈답니다. 이러한 마방진의 상징성은 후에 마법사들에 의해 마법에까지 사용되었다고 전해지니 마방진을 정말 대단하게 생각했던 것 같아요.

| | | |
|---|---|---|
| 6 | 1 | 8 |
| 7 | 5 | 3 |
| 2 | 9 | 4 |

불을 상징하는 마방진

| | | |
|---|---|---|
| 2 | 7 | 6 |
| 9 | 5 | 1 |
| 4 | 3 | 8 |

물을 상징하는 마방진

또한 아랍인들은 마방진에 신비한 힘이 담겨 있다고 믿었기 때문에 부적으로도 사용했대요. 아이를 가진 여성에게 특정한 마방진을 보여 주면 아이를 쉽게 낳을 수 있다고 믿었고, 또 종교 전쟁에 나서는 터키나 인도의 전사들은 웃옷에 마방진 부적을 달았는데, 마방진의 힘이 자신들을 지켜 주리라는 믿음을 갖고 있었기 때문이죠.

그리고 마방진은 신의 이름이나 성서에 나오는 비밀스런 문자를 나타내는 데도 쓰였다고 해요. 다음 마방진은 어린이들을 보호하고 지켜 준다는 수호신인 'matin(강건하신 분이라는 뜻)'을 나타내는 마방진이에요.

이러한 신비스러운 마방진의 힘은 때때로 미래를 예언하

| 50 | 10 | 40 | 40 |
|---|---|---|---|
| 40 | 50 | 10 | 40 |
| 40 | 40 | 50 | 10 |
| 10 | 40 | 40 | 50 |

MATIN이라는 수호신을 나타내는 마방진

는 데에도 사용되었다고 해요. 어떤 이름과 날짜, 지역 이름에서 수의 값을 뽑은 다음, 7과 같은 의미 있는 수로 곱하거나 또는 특정한 수를 뺀 후, 그 수를 다시 더해서 나온 수로 결혼이 행복할 것인지, 병자가 회복될 것인지 등등 인생에서 중요한 일들을 예측하는 데에도 유용하게 쓰였어요.

그리고 중세에 와서 마방진은 점성술사(별자리를 보고 미래를 예언하는 마법사)에게 별자리를 보는 도구로 이용되었지요. 마방진은 9, 16, 25, 36 등과 같은 제곱수에 여러 칸의 정사각형 모양으로 만들어져 있잖아요? 이러한 수들이 별과 연관이 있다고 생각한 거지요.

아라비아와 히브리의 고대 종교에서 핵심을 이룬 카발라

교리(중세 유대교의 신비주의)의 카발라 신비주의자들은 마방진을 부적이라는 뜻의 '카메아kamea'라고 불렀고, 펜던트처럼 목에 걸고 다녔대요. 양각으로 아로새긴 조가비나 보석류라는 뜻의 '카메오'라는 단어가 바로 여기에서 유래되었지요.

다음 마방진은 태양을 상징하는데, 여기에는 1부터 36까지의 숫자가 있고 가로, 세로, 대각선의 합이 111이에요. 이 방진에 들어 있는 모든 숫자의 합은 666으로 이른바 '짐승의 수'인데 태양의 악령인 소라트를 상징해요. 반면 111은 천사의 영인 미카엘에 해당하는 수를 나타낸답니다.

| 6 | 32 | 3 | 34 | 35 | 1 |
|---|---|---|---|---|---|
| 7 | 11 | 27 | 28 | 8 | 30 |
| 24 | 14 | 16 | 15 | 23 | 19 |
| 13 | 20 | 22 | 21 | 17 | 18 |
| 25 | 29 | 10 | 9 | 26 | 12 |
| 36 | 5 | 33 | 4 | 2 | 31 |

태양을 상징하는 마방진

이외에 토성은 9칸, 목성은 16칸, 화성은 25칸, 태양은 36칸, 금성은 49칸, 수성은 64칸, 달은 81칸의 마방진으로 나타냈어요.

토성을 나타내는 마방진의 경우에 9칸의 수를 모두 합하면 45인데 45는 공교롭게도 토성의 아랍어 명칭인 zuhal의 수 값(7 + 8 + 30)과 같으니 모두 마방진의 신비한 힘 때문 아닐까요?

우정 와~! 마방진의 신비한 힘은 정말로 여러 분야에 활용이 됐군요. 저도 처음에 마방진을 보고 신비롭다고 생각했는데, 옛날부터 많은 사람들이 마방진의 매력에 빠져들었다니 정말 대단해요. 그런데 대감님께서는 마방진을 어떻게 생각했는지 자세히 말씀해 주세요.

최석정 마법과 같은 수들의 오묘한 배열! 이것이 바로 사람들이 마방진에 빠져드는 이유이지요. 나는 앞에서도 이야기했듯이 마방진을 공부하면서 수를 통해 세상의 이치와 원리를 깨달을 수 있었어요. 이것은 다른 말로 아름다움을 찾는다고 할 수 있는데, 수학이 우리에게 주는 아름다움은 여러 가지가 있지요. 아름다운 도형들이 어울려서 신비로운 모양을 나타낼 수 있고, 복잡한 숫자들이 하나의 식으로 도출되어 나오는 방정식 등에서 우리는 수학의 매력을 느낀답니다.

그런데 수학의 전 역사를 통틀어 자연의 질서와 아름다움을 보여준 대표적인 것이 바로 마방진이에요. 정사각형 안에 가로와 세로, 대각선 어느 쪽으로 보아도 배열된 수들의 합이 같거든요. 중앙에 있는 수를 중심으로 좌우가 완전한 대칭을 보여 주는 마방진 속의 수들은 마치 하나의 완전함을 나타내는 것처럼 보여요. 이것은 봄이 가면 여름이, 여름이 가면 가을이 오듯이 사계절이 순서에 맞도록 완벽한 순환을 보이는 것과, 1년 365일 동안 지구와 태양과 달의 모습이 완벽하게 돌아가는 것, 그리고 꽃과 잎에서 볼 수 있는 완전하게 대칭되는 모습 등의 자연법칙을 그대로 보여 주는 것과 같아요.

이러한 자연의 이치를 깨닫고 따르는 것은 인생에서 아주 중요하지요. 따라서 나는 이러한 자연의 이치를 마방진 속에 있는 수들의 배열에서 찾으려 노력했고, 수를 통해 인생을 볼 수 있는 '수리철학'으로 발전시킬 수 있었답니다. 쉽게 말하면 마방진 속에 있는 수 하나가 잘못 배열되면 가로와 세로, 대각선에 있는 숫자들의 합이 달라지고, 마방진 속에 있는 균형은 깨진답니다. 이것은 곧 자연의 이치가 하나라도 어긋난다면 자연의 균형은 곧 깨지고, 그것은 우리 사람들에게 엄청난 피해를 주는 것과 같은 이치예요.

요즘 사람들이 만들어 낸 공해 때문에 지구의 온도가 따뜻해지는 지구 온난화가 진행되고 있지요? 이 지구 온난화로 인해 계절의 변화가 깨지고 이로 인해 많은 피해가 있는 것을 여러분도 알고 있을 거예요.

이렇게 자연의 이치에 어긋나는 사람들의 행동을 마방진 속의 숫자들처럼 다시 균형에 맞게 되돌려줘야 하지 않을까요? 이것이 내가 마방진을 통해 여러분에게 들려 주고 싶은 이야기랍니다.

우리 모두 순리에 따라 자연의 이치를 따른다면 이러한 마방진의 신비하고 오묘한 힘과 같이 자연의 경이로운 힘으로 오늘날 인류에 의해 죽어 가는 환경을 되살릴 수 있을 것입니다.

우정 대감님께서 마방진을 통해 그렇게 훌륭하신 뜻을 가지고 계신 줄 몰랐습니다. 대감님의 말씀대로 우리가 마방진을 통해 배울 점이 많이 있네요. 그러면 대감님! 저와 같은 어린이는 마방진을 어떻게 활용할 수 있을까요?

최석정 우정이 친구가 내 뜻을 이해할 수 있다니, 참으로 대견하고 고마워요. 그래요, 우리 어린이 친구들이 생활 속에서 마방진을 활용할 수 있는 방법을 함께 찾아볼까요?

요즘 우리 친구들이 가장 좋아하는 것 중의 하나가 무엇일까요? 네, 바로 게임이겠죠? 마방진을 이용해서도 여러분이 좋아하는 게임을 즐길 수 있답니다.

먼저 'Tic－Tac－Toe' 게임을 알려 줄게요.

이 게임을 위해서는 1부터 9까지의 자연수가 하나씩 쓰여 있는 아홉 장의 카드가 있어야 해요. 두 사람이 서로 카드의 숫자를 볼 수 있도록 펼친 상태에서 다음과 같은 규칙에 따라 게임을 하면 된답니다.

① 카드를 서로 번갈아가며 한 장씩 집어와 아래 틱택토(Tic-Tac-Toe)사각형에 놓습니다.

② 자신이 가져와 놓은 카드에서 가로, 세로, 대각선 중 어느 세 장의 합이 먼저 15가 되면 이기게 됩니다.

③ 아홉 장의 카드가 모두 없어질 때까지 승부가 나지 않으면, 순서에 따라 상대방 카드 중에서 필요한 카드 한 장을 자신의 카드로 합니다.

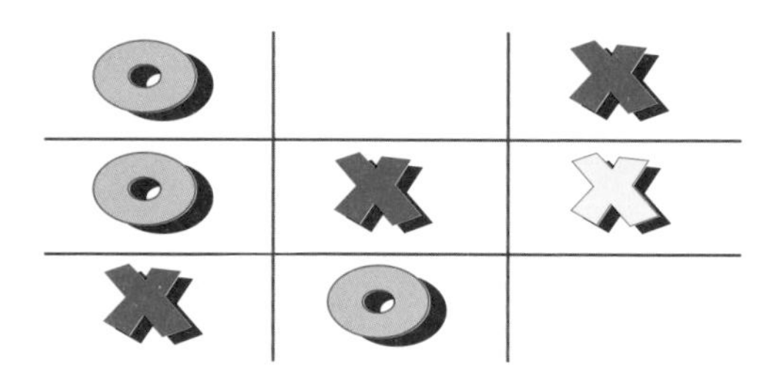


어때요? 재미있었나요? 이 게임을 이기기 위해서는 3차 마방진을 만드는 방법을 이용하면 된답니다. 이미 많은 것을 배운 우리 친구들이니까 충분히 해내리라 믿어요.

또한 게임뿐만 아니라 생활 속에서 마방진을 찾아 만들 수 있는 활동도 있답니다. 다음은 여러분이 매일 볼 수 있는 달력이에요. 과연 이 속에서 마방진을 찾을 수 있을까요?

XX 월

| 일 | 월 | 화 | 수 | 목 | 금 | 토 |
| --- | --- | --- | --- | --- | --- | --- |
|  |  |  | 1 | 2 | 3 | 4 |
| 5 | 6 | 7 | 8 | 9 | 10 | 11 |
| 12 | 13 | 14 | 15 | 16 | 17 | 18 |
| 19 | 20 | 21 | 22 | 23 | 24 | 25 |
| 26 | 27 | 28 | 29 | 30 | 31 |  |

찾아보았나요?

위 달력 속에서 파란색 정사각형으로 둘러싸인 수들을 보세요. 모두 9개의 수가 있는데, 이 수들을 가지고 3차 마방진을 만들 수 있을까요? 9개의 수를 모두 합해 보면 모두 126이고 $126 \div 3 = 42$이므로 마법수가 42가 되도록 다음과 같이 수들을 배열한다면 달력 속에 있는 수를 가지고 3차 마방진을 만들 수 있을 거예요.

어때요? 신기하지요?

| 21 | 6 | 15 |
|---|---|---|
| 8 | 14 | 20 |
| 13 | 22 | 7 |

위와 같이 여러분도 충분히 마방진을 활용할 수 있겠지요? 이미 마방진에 대해 많은 것을 배웠으니, 여러분의 뛰어난 생각으로 새로운 마방진을 만들어 보세요. 이제 여러분과 헤어져야 할 시간이에요. 어린이 여러분! 앞으로 수학 공부를 열심히 해서 훌륭한 사람이 되길 빌어요. 자, 그럼 안녕~!

## 제12장 핵심정리

- 수數는 동양에서는 세상의 진리에 이르는 길로, 서양에서는 아름다움의 상징으로 여겨졌고, 이러한 생각은 수에는 우리가 알지 못하는 신비한 규칙성과 조화로움이 숨겨져 있다는 믿음에서 시작되었다.
- 마방진은 신비스러운 수들의 배열에서 오는 마법과 같은 힘 때문에 고대부터 부적, 신을 대신하는 이름, 별자리 등에 쓰였고, 심지어는 미래를 예언하는 데에도 사용되었다.
- 최석정 대감은 마방진을 통해 그 속에 숨어 있는 자연의 질서와 이치를 깨닫고자 했다. 그래서 마방진 속의 수들이 완전한 대칭을 이루고 안정된 모습으로 배열된 것에서 자연이 균형을 이루며 만물이 움직이는 원리와 같다는 수리 철학을 찾을 수 있었다.
- 현대에도 여러분의 새로운 아이디어를 활용하면 Tic－Tac－Toe와 같은 게임을 하거나 달력 속에서 마방진을 만들 수 있는 등 창의적인 활동을 할 수 있다.

마방진은 신비스러운 수에서 오는 마법의 힘 때문에 부적, 신을 대신하는 이름, 별자리, 점성술사의 도구로 사용이 되었어요.

| 6 | 1 | 8 |
|---|---|---|
| 7 | 5 | 3 |
| 2 | 9 | 4 |

물의 상징

| 2 | 7 | 6 |
|---|---|---|
| 9 | 5 | 1 |
| 4 | 3 | 8 |

불의 상징

| 50 | 10 | 40 | 40 |
|---|---|---|---|
| 40 | 50 | 10 | 40 |
| 40 | 40 | 50 | 10 |
| 10 | 40 | 40 | 50 |

수호신 MATIN

부록
수학 동화

# 신비한 마방진으로 나라를 구하라

2008년 대한민국 서울.

"아, 어떻게 이 수들을 배열해야 하지?"

수혁이는 오늘 수학 시간에 선생님께서 내주신 숙제를 가지고 벌써 몇 시간째 고민 중이었다.

"수혁아! 뭐 하니? 저녁 먹자!"

아래층에서 어머니가 부르는 것도 모른 채 수혁이는 9개의 숫자를 연습장에 썼다가 지우기를 반복하고 있었다.

"얘가 뭐하는데 이렇게 대답이 없니?"

급기야는 수혁이 방문을 열며 어머니께서 말씀하셨다.

"아! 엄마, 무슨 일 있으세요?"

"너 밥 먹으라는 소리 못 들었니?"

"네? 벌써 저녁 먹을 시간이에요? 아~, 정말 아직도 해결 못 했는데……."

난처해하는 수혁이의 얼굴을 보며 어머니께서 말씀하셨다.

"도대체 무엇 때문에 그렇게 고민을 하니? 엄마한테 보여 주렴!"

"엄마는 보셔도 모르실 거예요. 나도 지금 몇 시간째 못 풀고 있는데요."

"너 너무 엄마를 무시하는 것 아니니? 한번 줘 봐!"

"여기요."

"얘, 이것은 마방진 아니니?"

"어! 마방진이라고요? 그게 뭐예요? 엄마! 이거 아세요?"

"언제는 엄마를 무시하더니……. 이것은 마방진이네."

"마방진! 그런데 어떻게 가로, 세로, 대각선에 있는 수들의 합을 같게 만들죠? 정말이지 어려워서 미치겠어요."

"음…… 일단 밥부터 먹자! 그런 다음에 마방진에 대해 설명해 줄게."

"엄마! 지금 가르쳐주세요. 네? 지금이요!"

수혁이는 안 된다는 엄마의 손에 이끌려 저녁을 먹는 둥 마는 둥한 후에 마방진에 대해 알려달라고 보챘다.

"너무 보채지 마! 우선 책장에 가서 족보를 꺼내 올래?"

"엄마는 마방진에 대해 알려 달라니깐 무슨 족보를 가져오래요?"

"잔말 말고 족보를 가져오라니까!"

"아, 알았어요."

마방진을 알려달라고 했더니 족보를 가져오라는 엄마의 말에 의아했지만 수혁이는 책장에서 무거운 족보를 낑낑대며 들고 왔다.

"자, 수혁아, 이것이 우리 가문 대대로 어떤 조상님들이 무슨 일을 하셨는지를 알 수 있는 족보란다. 여기 마지막에 네 이름 최수혁도 쓰여 있지?"

"네~."

"그럼 조선 시대로 거슬러 올라가보자꾸나. 음~, 그래 여기 계시는구나! 여기에 최석정이란 분이 있지! 너의 16대 할아버님이란다."

"아! 엄마는 수학 문제를 해결해 달라는데 웬 족보에 할아버지 타령이에요."

"모르는 소리 하지 마! 바로 이 최석정이란 분이 마방진에 대한 훌륭한 업적을 남기신 너의 조상님이야."

"네? 이분이 마방진을 연구하셨다고요? 그것도 조선 시대에요?"

"그럼! 우리나라에서 마방진에 대해서는 이분이 가장 뛰어난 분이셨지!"

"와, 정말요? 이렇게 훌륭하신 분이 우리 집안의 할아버지셨다고요?"

"그래."

수혁이는 자신의 조상 중에 마방진을 연구하신 훌륭한 분이 계셨다는 사실에 매우 흥분되었다.

"근데 엄마, 이 문제는 언제 해결해 주실 거예요?"

"어? 어~ 그래! 그 문제는 말이야! 수혁아, 사실 엄마도 그것이 마방진이라는 것은 알겠는데, 자세히는 모르겠네……."

"뭐예요? 아실 것처럼 말씀하시더니! 나 내일까지 꼭 해결해 가야 한단 말이에요."

"정 그렇다면 너의 16대 할아버님께 여쭈어 보렴."

"아니, 이미 한참 전에 돌아가신 분께 무얼 어떻게 여쭤 봐요!"

"최석정 할아버지가 남기신 집안의 가보가 있단다. 바로 《구수략》이란 책인데, 그 책 속에 바로 마방진의 모든 비밀이 쓰여 있다더구나."

"오! 그래요? 엄마! 그 가보, 아니 《구수략》 어디 있어요? 빨리 주세요."

"알았어. 잠시 기다려! 장롱 깊숙이 숨겨 놨으니 가져오마."

어머니는 장롱 깊숙이 고이 간직해 두었던 집안의 가보 《구수략》을 꺼내 오셨다. 어머니께서 책을 싸 놓은 보자기를 푸는 순간 왠지 모를 신비한 힘이 수혁이 몸에 전해져 오는 것을

느낄 수 있었다.

“와, 이것이 《구수략》이군요. 근데 모두 한문으로 되어 있네요. 아, 나는 한문을 모르는데 어떻게 이 책을 읽으라는 거예요?”

“그, 글쎄다. 조선 시대 분이셨으니 당연히 한자로 쓰셨겠지? 엄마도 몰라. 네가 알아서 해!”

수혁이는 어머니께서 건네 주신 《구수략》을 멍하니 바라만 볼 수밖에 없었다.

“이 책 속에 마방진의 모든 비밀이 들어 있다는데, 한문 투성이인데 도대체 어떻게 읽지?”

이런 저런 고민에 빠져 있던 수혁이는 어느새 자기도 모르게 책상 위에서 《구수략》을 베고 잠이 들었다.

## 1658년 조선 시대 한양.

얼마 동안 잤는지 모를 정도로 한참 동안 자다가 깨어난 수혁이는 놀라지 않을 수 없었다. 일어나 보니 모든 것이 바뀌어 있는 것이 아닌가? 자신의 집은 어디로 가고, 웬 기와집 사랑채에 자신이 앉아 있는 것이다. 밖을 보니 사극에서나 본 듯한 한복 입은 사람들이 있었다.

“아니, 도대체 여기가 어디지? 그리고 내가 왜 여기에 와 있지?"

도무지 어떻게 된 영문이지 몰라 어리둥절해하고 있는데 방문이 열리더니 한 사내아이가 들어왔다.

"얘, 넌 누구냐! 누군데 남에 방에 와서 이렇게 있는 것이냐?"

"저…… 저요? 저는 최수혁이라고 하는데요?"

"최수혁이라……, 성이 최씨인 걸 보니 우리 집안 사람인 것 같은데, 수혁이란 이름은 처음 들어보는데……. 도대체 넌 누구냐?"

"저는 최수혁인데요, 어, 어찌된 것인지 저도 모르겠어요. 전 그저 엄마가 주신 《구수략》이란 책을 가지고 마방진에 대해 고민하고 있었는데, 눈을 떠보니 여기였어요."

"허허~, 고놈 정신이 없구먼. 그런데 가만……. 너 지금 마방진이라고 했느냐?"

"네, 마방진이라고 했는데요?"

"그래! 네가 분명히 마방진이라고 했구나! 그런데 너는 어떻게 마방진을 알고 있지? 그리고 그 《구수략》이란 책은 어디서 구했느냐?"

수혁이는 다그치는 사내아이의 질문에 정신을 차릴 수가 없었지만, 그래도 여러 상황으로 보아 지금 이곳은 조선 시대임에는 틀림없다고 생각했다.

'아! 어쩌다 내가 조선 시대에 와 있지? 그리고 내가 미래에

서 왔다고 해도 이 사람은 나를 믿을 리 없고, 오히려 정신병자라고 이상하게 볼 것이 분명한데…….'

"어허~, 어디서 온 누구냐고 묻지 않느냐?"

"네, 저는 마방진에 대해 연구하고 있는 최수혁입니다. 근데 당신은 누구세요?"

"어허~, 이런, 내 소개가 늦었구나! 나는 영의정이신 최명길 할아버님의 손자 최석정이라고 한다. 나 또한 너처럼 마방진에 대해 많은 관심을 가지고 있는데, 잘 되었구나!"

최석정이라는 말에 수혁이는 놀라지 않을 수 없었다. 이분이 바로 조선 시대 마방진을 연구했던 훌륭한 수학자이자 자신의 16대 할아버지인 최석정이라니 정말이지 꿈인지 생시인지 어리둥절할 뿐이었다. 그래도 수혁이는 정신을 차리고 천천히 상황을 정리했다.

"저는 현재 12살인데, 당신은 몇 살이신지요?"

"그래? 나도 12살인데, 그럼 우린 벗이 아닌가!"

"그…… 그래, 그럼 이제부터 우린 친구 사이가 되는 건가?"

16대 할아버지와 친구 사이라니……. 수혁이는 말도 안 된다고 생각했지만 상황이 어쩔 수 없었다.

"보아하니 당분간 지낼 곳도 없을 듯하니 나와 함께 지내면서 마방진을 함께 연구하지 않겠나?"

"네? 함께 마방진을 연구하자고요?"

"허허허, 우린 벗이라고 했는데, 뭐 그리 존댓말을 쓰는가? 편히 생각하세, 그럼 그렇게 생각하고 있겠네."

그리하여 수혁이는 16대 할아버지인 최석정과 어쩔 수 없는 친구 사이가 되어 함께 마방진을 연구하게 되었다.

처음엔 이곳 생활이 낯설어 힘들었지만 몇 년이 흐르면서 차츰 조선 시대 생활에 익숙해지고 있었다. 또한 최석정과 함께 서당에 다니면서 한자에 대해 많은 것을 배웠고, 특히 마방진에 대해 최석정과 함께 많은 연구를 해나가고 있었다.

그러던 어느 날 종로 거리를 나갔다가 벽에 붙어 있는 방을 보았다. 방의 내용은 다음과 같았다.

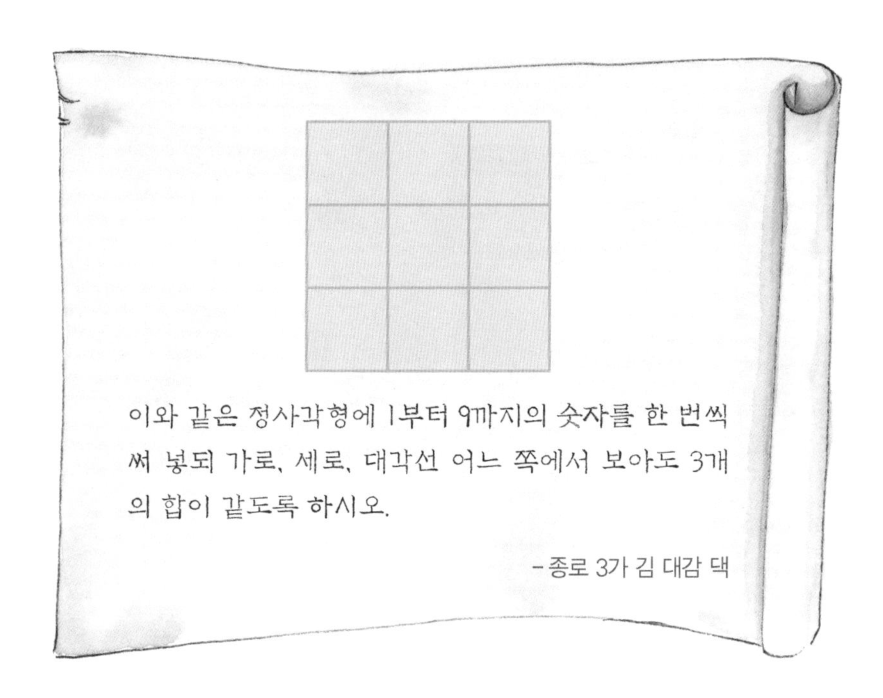


이 문제를 해결하는 사람에게는 은 100냥의 사례를 하겠다는 것이었다. 최석정과 수혁이는 이 문제를 해결하기로 마음먹었다.

최석정과 수혁이는 그동안 공부한 3차 마방진을 푸는 방법을 이용하여 그 문제를 해결할 수 있었다.

"그래, 이렇게 하면 가로, 세로, 대각선 모두 합이 같아지게 되는구나!"

"우리가 해낸 거야! 드디어 해냈구나! 와!"

최석정과 수혁이는 문제의 해답을 가지고 종로에 있는 김 대감 댁에 갔다.

"어허, 정녕 이 문제를 너희들이 해결했단 말이냐? 대단하구나, 대단해!"

김 대감은 어린 나이에 이미 뛰어난 수학적 재능을 가진 최석정과 수혁이를 크게 칭찬하였으며, 훗날 나라에 큰 인재가 될 것이라고 생각했다.

3차 마방진의 풀이를 이용하여 문제를 해결한 최석정과 수혁이는 그 후로도 4차, 5차 마방진은 물론 다양한 마방진의 형태를 연구했다. 그러던 어느 날 한양에 이상한 소문이 돌기 시작했다.

"너, 요즘 한양에서 떠돌고 있는 소문 들어봤니?"

"무슨 소문? 어떤 것인데?"

"글쎄, 청나라에서 조선에 무리한 조공(종속국이 종주국에 바치는 예물)을 요구해 왔는데, 그 요구를 받아들이지 않으면 또 다시 전쟁을 일으킨다고 하던데."

터무니없는 요구에 최석정은 두 손을 불끈 쥐었다.

"천하에 몹쓸 오랑캐 놈들 같으니……. 사나이 대장부로 태어나 나라를 위해 할 수 있는 일이 없으니 그저 원통할 뿐이구나."

사실 조선 중기 때 중국에는 청이라는 나라가 세워졌는데 청나라는 자신들을 왕으로 모실 것과 많은 조공을 받칠 것을 조선에 요구해왔다. 그렇지 않으면 큰 군대를 일으켜 공격하겠다고 협박도 했다.

온 나라 안이 청나라의 무리한 요구에 근심하던 차에 청나라 사신 하국주가 조선의 임금에게 재미있는 제안을 하나 해왔다.

"내가 듣기로는 조선에 뛰어난 인물들이 많다고 들었소. 그런 의미에서 문제를 하나 낼 터인데, 이 문제를 사흘 안에 푸는 자가 나온다면 이번 청나라의 조공 요구는 없던 것으로 하리다. 하하하!"

중국에서도 유명한 수학자였던 청나라 사신 하국주는 조선의 수학을 업신여기면서 자신이 낸 문제를 풀 수 있는 사람이 조선에는 결코 없을 것이라는 자만심에 이런 제안을 해온 것이다.

조정에서는 이 문제를 해결할 수 있는 인물을 빨리 찾으라는 어명이 내려졌고, 전국의 중요한 거리에는 하국주의 문제에 대한 해답을 내는 자에게는 큰 상을 내리겠다는 임금님의 방이 붙었다.

물론 김 대감의 집에도 이 소식이 전해졌다.

"어허, 큰일이구나, 이 문제에 우리나라의 운명이 걸려 있다니……. 아참! 일전에 내가 낸 마방진의 문제를 푼 그 두 아이라면 혹시……."

김 대감은 영특했던 최석정과 수혁이를 떠올리고 이 사실을 임금님께 급히 알렸고, 임금님은 그 두 아이를 궁궐로 데려오라 명하였다.

"너희가 정녕 마방진을 연구하고 있다는 그 아이들이냐?"

"네, 전하! 그러하옵니다."

"오호, 그렇다면 이 문제를 풀 수 있겠느냐? 이 문제에 우리 조선의 운명이 걸려 있도다!"

"전하! 저희에게 이틀의 시간을 주십시오. 그리하면 반드시 문제를 풀어오겠습니다."

"오, 정녕 이틀이면 되겠느냐? 너희를 믿어 보마."

이렇게 해서 최석정과 수혁이는 조선의 운명이 걸린 문제를 마주하게 되었다.

그런데 하국주가 낸 문제는 생전 처음 보는 문제였다.

"우리가 그동안 풀어 왔던 마방진과는 전혀 다른 형태의 문제야!"

"정말 우리가 이틀 안에 이 문제를 해결할 수 있을까?"

수혁이는 걱정스런 눈빛으로 최석정에게 말했다.

"난 반드시 이 문제를 풀어 저 오만한 청나라의 코를 납작하게 만들어 줄 거야! 그러니 우리 힘을 합쳐 해결해 보자!"

최석정의 눈빛은 너무나 당당했고 결의에 차, 바라보는 수혁이마저 굳은 의지와 자신감을 갖도록 해 주었다.

드디어 임금님과 약속한 이틀의 시간이 다 되었다.

청나라 사신은 임금님 앞에 거만하게 앉아 있었다.

"조선에 뛰어난 인물이 많다는 이야기는 역시 거짓이었나 봅니다. 전하! 약속한 시간이 다 되었는데도 아직 문제를 푼 자가 없으니 말입니다."

"조금만 기다려 보시오."

임금님이 초조해 하며 말했다.

"전하! 이제 그만 포기하시고, 청나라의 요구대로 쌀을 바치겠다는 문서에 옥쇄를 찍으시죠?"

임금님도 이제는 어쩔 수 없다고 체념하는 찰나였다.

"멈추시오! 여기 그 문제의 해답을 가지고 왔소이다."

최석정의 우렁찬 목소리가 조정 안에 울려 퍼졌다.

'아니, 저렇게 어린 녀석이 내 문제를 풀었다니, 그럴 리 없어.'

"당신이 낸 문제는 중국 송나라 때의 양휘가 쓴 《양휘산법》에 나오는 내용이더군요. 여기 당신이 낸 문제대로 1부터 33

까지의 숫자를 한 번씩 사용하였고, 가운데 있는 수를 포함해서 일직선상에 있는 수 9개의 합과 원 모양을 이루는 숫자들의 합이 모두 147이 되도록 방사형 마방진을 만들었소이다."

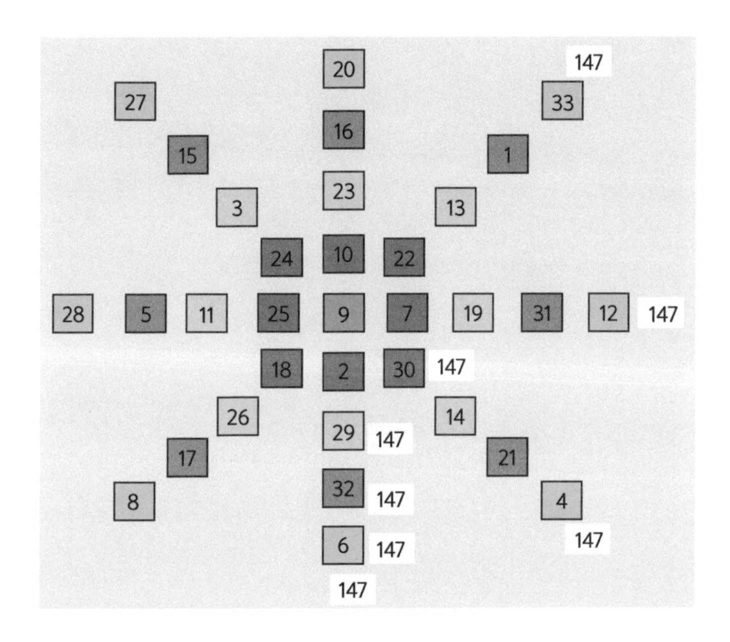


"또한, 나는 우리 조선만의 독특한 방법으로 모든 합이 266이 되는 새로운 방사형 마방진을 만들었소이다. 이만 하면 그대가 요구한 문제의 답이 되리라 생각하는데요. 어떻소이까?"

"아니! 이럴 수가! 이 문제를 풀 수 있는 사람이 조선에는 없을 줄 알았건만……. 이렇게 어린아이가 이 문제를 풀다

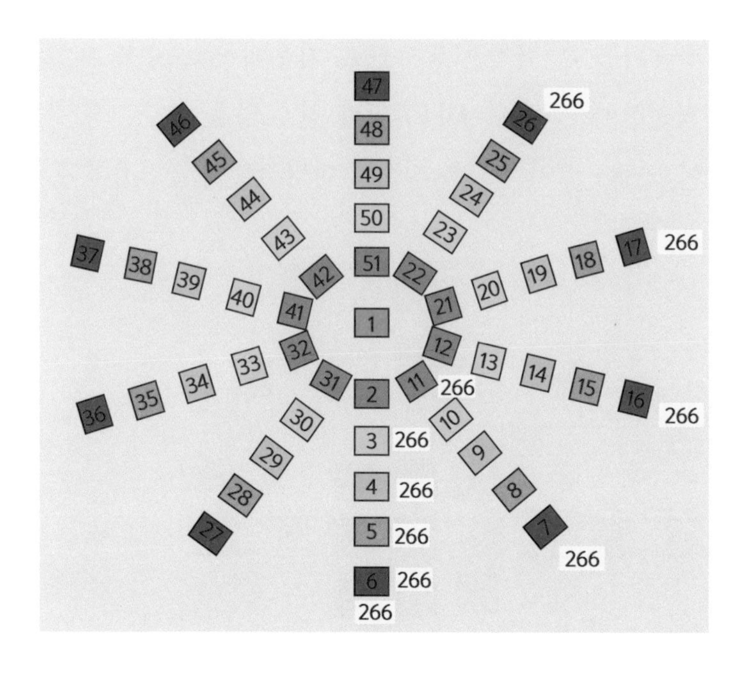


니……. 거기에다 《양휘산법》에 나오는 방사형진보다 더욱 뛰어난 것을 만들어 보이다니…….”

“이제 약속한 대로 청나라의 조공 요구는 철회해 주시지요. 그리고 다시는 조선을 얕보는 일이 없길 바라오.”

하국주는 할 말을 잃고 줄행랑을 치듯 청나라로 돌아갔고, 임금님은 최석정과 수혁이의 공을 크게 칭찬하고 큰 상을 내렸다. 또 최석정을 곁에 두고 나라 일을 보고 싶다고 청하였다. 하지만 최석정은 공손히 거절했다.

“임금님의 은혜에 감사하오나, 저는 아직 학문이 미약하여 더 배울 것이 많사옵니다. 훗날 과거 시험에 응시하여 임금님을 뵈올 날이 올 터이니 그때까지 기다려 주시옵소서."

"오냐! 네 뜻이 그렇다면 그렇게 하마! 부디 학문에 더욱 정진하여 훗날 이 조선을 위해 나를 도와 큰일을 해다오."

이 일이 있은 후, 최석정과 수혁이는 마방진의 연구에 더욱 노력해, 드디어 《구수략》이라는 마방진의 모든 비밀을 해결한 책을 쓰게 되었다.

"수혁아! 너와 함께 마방진을 연구한 지도 벌써 10여 년이 지났구나! 네가 없었다면 나는 이 책을 쓸 수 없었을 것이야! 고맙구나!"

"고맙긴……. 친구로서 당연히 도와주었을 뿐이야! 다 너의 뛰어난 능력과 피나는 노력 덕분이지."

수혁이는 왠지 가슴이 뭉클해지는 것을 느꼈다. 자신이 최석정의 16대 손자라는 것을 속이고 10여 년간 옆에서 《구수략》을 쓰기까지의 세월을 함께한 그 노력이 이제야 결실을 맺게 되었으니 말이다. 그리고 속으로 말했다.

'최석정 할아버지! 저는 그저 족보에만 나와 있는 조상님으로 생각했는데, 이렇게 할아버지 옆에서 마방진을 연구하시는 모습을 보니 할아버지께서 얼마나 훌륭한 분이신지, 이 나라를 위해 얼마나 애쓰셨던 분이신지 느낄 수 있었습니다. 이제 할아버지의 그 뜻을 이어받아 저도 열심히 공부하겠습니다.'

## 다시 2008년 대한민국 서울.

감격에 차 흐르는 눈물을 닦다 보니 어느새 잠에서 깨어난 것을 느낄 수 있었다.

"얘! 수혁아! 학교 가야지. 벌써 8시야!"

학교에 지각할까 걱정인 어머니의 목소리가 쩌렁쩌렁 울려 퍼졌고, 해는 이미 중천에 떠 있었다.

"어, 뭐야! 이게 꿈이었어! 아니 꿈이라기엔 너무나 생생했는데……."

수혁이는 허겁지겁 옷과 책가방을 챙겨 학교로 갔다. 그리

고 수학 시간에 전날 내내 끙끙거렸던 수학 문제를 발표했다.

수혁이는 어젯밤 꿈속에서 만났던 최석정 대감님에 대해 자세히 이야기하면서, 《구수략》과 책 속에 담겨진 우리 조상들만의 독특한 마방진의 풀이까지 마치 자신이 연구한 것처럼 자신 있게 발표할 수 있었다.

"와, 수혁아! 어떻게 그런 것을 다 알아냈니? 정말 대단해!"

발표가 끝나자, 친구들의 칭찬이 여기저기서 쏟아졌다.

바로 그 시각 수혁이네 집의 수혁이 책상 위에는 《구수략》이 펼쳐져 있었다. 그리고 이런 문구가 적혀 있었다.

"이 책 속에 있는 마방진의 신비한 힘을 믿으세요."